Sitzungsberichte
der Akademie der Wissenschaften
der DDR
Mathematik – Naturwissenschaften – Technik

3 N

1977

J. Ranft

Zur Entdeckung neuer schwerer Teilchen

H.-J. Treder

Zur Quantlung der Gravitation

AKADEMIE-VERLAG · BERLIN

Sitzungsberichte
der Akademie der Wissenschaften
der DDR
Mathematik - Naturwissenschaften - Technik

Jahrgang 1977 - Nr. 3/N

J. Ranft

Die Entdeckung neuer schwerer Teilchen, ein indirekter Hinweis für den Aufbau der Elementarteilchen aus Konstituenten

H.-J. Treder

Zur physikalischen Bedeutung einer Quantlung der Gravitation

AKADEMIE-VERLAG · BERLIN
1977

Vorträge vor der Klasse Physik am 27. Mai 1976
von Hans-Jürgen Treder, Ordentliches Mitglied der Akademie der Wissenschaften der DDR und
von Prof. Dr. Johannes Ranft, Sektion Physik der Karl-Marx-Universität Leipzig

Herausgegeben im Auftrage
des Präsidenten der Akademie
der Wissenschaften der DDR
von Vizepräsident Prof. Dr. Heinrich Scheel

Erschienen im Akademie-Verlag, 108 Berlin, Leipziger Str. 3–4

Lizenznummer: 202 · 100/246/77
Gesamtherstellung: VEB Druckhaus Köthen
Bestellnummer: 7533154 (2010/77/3/N) · LSV 1115
Printed in GDR
DDR 4,50 M

Johannes Ranft

Die Entdeckung neuer schwerer Teilchen, ein indirekter Hinweis für den Aufbau der Elementarteilchen aus Konstituenten

Zusammenfassung

1. Seit November 1974 wurden in Hadronenstößen und e^+e^--Annihilation über 10 neue, zum Teil sehr langlebige, Teilchen entdeckt, deren Massen, 3 – 6 Protonenmassen, die der vorher bekannten Elementarteilchen übertreffen.

2. Seit Anfang der 60er Jahre werden drei hypothetische Teilchen, Quarks (u, d, s) als Konstituenten der Hadronen vorhergesagt. Viele Eigenschaften der Hadronen und ihrer Wechselwirkungen verhalten sich so, „als ob“ diese Quarks existieren würden, z. B.

— Alle bekannten Mesonen und Baryonen lassen sich als gebundene Zustände $q\bar{q}$ bzw. qqq einordnen.
— Die schwache Wechselwirkung der Hadronen wird durch den Strom $\bar{u}\gamma(1 + \gamma_5)(d \cos\Theta_c + s \sin\Theta_c)$ verstanden.
— Tief inelastische Elektron-Hadron- bzw. Neutrino-Hadronstöße deuten auf das Vorhandensein von elementaren Konstituenten hin.
— In nichtabelschen Eichfeldtheorien wurde die Eigenschaft der asymptotischen Freiheit gefunden — die Konstituenten verhalten sich bei großen Impulsüberträgen wie freie Partonen.

3. Schwächen des SU(3)-Quark-Modells sind jedoch:

— Baryonen als qqq-System werden durch eine völlig symmetrische Wellenfunktion beschrieben, obgleich die Quarks Fermionen sind.
— Die Vorhersage von Strangeness ändernden neutralen Strömen durch die Eichfeldtheorie der elektromagnetischen und schwachen Wechselwirkung — im Widerspruch zum Experiment.
— Anstieg des Verhältnisses $\sigma(e^+e^- \to \text{Hadronen})/\sigma(e^+e^- \to \mu^+\mu^-)$ über den vom Quark-Modell vorhergesagten Wert.

4. Diese Schwächen lassen sich durch 2 zusätzliche Hypothesen beheben:

— Alle Quarks existieren in 3 Zuständen (Farbquantenzahl).
— Es existieren mehr als 3 Quarks (4. Quark c mit Charm-Quantenzahl).

5. Die Existenz der neu entdeckten Teilchen folgt aus diesen Zusatzhypothesen:

— Insbesondere lassen sich die $J, \psi(3{,}1)$-Teilchen als gebundene Zustände $c\bar{c}$ der neuen schweren Quarks mit ihrem Antiteilchen deuten.
— Aus dem Charmonium-Bild $c\bar{c}$ folgen weitere Energienievaus — die dementsprechenden vorhergesagten Teilchen wurden inzwischen zum Teil ebenfalls gefunden.
— Mesonen bzw. Baryonen, die aus alten Quarks q und einem neuen Quark bestehen, müssen in diesem Bild existieren (Hadronen mit Charmquantenzahlen).

In Neutrinoexperimenten werden neue Teilchen mit neuen Quantenzahlen gefunden — möglicherweise Teilchen mit Charm.

6. Die angeführte Interpretation ist noch sehr unsicher und stellt bestenfalls eine erste Näherung dar. Die Erfolge (experimenteller Nachweis von Vorhersagen) lassen jedoch die optimistische Deutung zu, daß wir an der Schwelle einer Theorie der Elementarteilchen auf der Grundlage von Eichfeldern stehen.

1. Die Entdeckung neuer schwerer Teilchen

Im November 1974 wurde fast gleichzeitig in zwei verschiedenen Experimenten ein neues, im Vergleich zu den vorher bekannten Elementarteilchen besonders schweres, Teilchen entdeckt. Die beiden untersuchten Reaktionen waren:

Protonenwechselwirkung in einem Beryllium-Target [1], siehe Abbildung 1.

$$p + Be \rightarrow J + \cdots \quad (J \rightarrow e^+e^-) \tag{1}$$

Elektron-Positron-Annihilation [2], siehe Abbildung 2.

$$e^+e^- \rightarrow \psi, \quad \psi \rightarrow e^+e^-, \ \mu^+\mu^-, \ \text{Hadronen} \tag{2}$$

Dieses Teilchen, welches wir im weiteren als J, ψ bezeichnen werden, hat eine Masse von $M = 3{,}095\ \mathrm{GeV/c^2}$. Neben der hohen Masse ist insbesondere die Zerfallsbreite bemerkenswert, die mit $\Gamma = 69$ keV etwa 1000 mal schmaler als bei den vorher bekannten Hadronen ist. Mit der Lebensdauer von $\tau = 10^{-20}$ Sekunden ist dieses Teilchen etwa 1000 mal langlebiger als typische instabile Hadronen.

In Abbildung 3 sind die Lebensdauern instabiler Teilchen als Funktion ihrer Masse aufgetragen. Aus diesem Bild wird sofort als Problem klar, daß es schwer ist, das J, ψ in die bekannten Familien von Teilchen einzuordnen.

Mit der Entdeckung des J, ψ begann in der Hochenergiephysik eine Periode intensiver experimenteller Untersuchungen, die Bestimmung der Eigenschaften der neuentdeckten Teilchen und die Suche nach weiteren ähnlichen Teilchen. Gleichzeitig setzt eine intensive theoretische Arbeit ein. Das Ziel dieser Arbeiten ist die Deutung und Einordnung der neuen Teilchen und ihrer Wechselwirkungen.

Weitere experimentelle Entdeckungen folgten in kurzen zeitlichen Abständen. Wir beschränken uns auf eine Aufzählung [3].

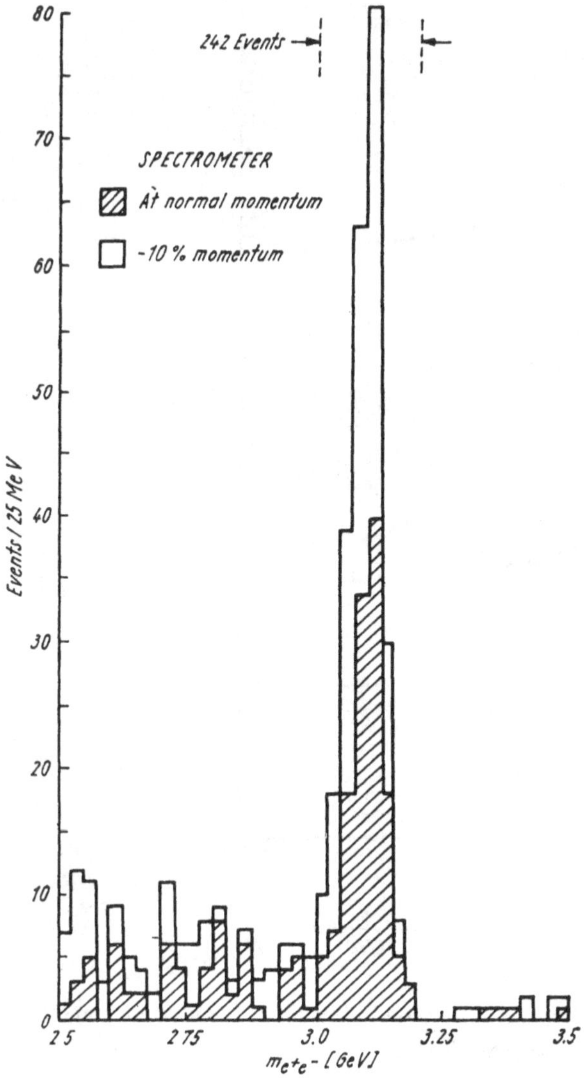

Abb. 1. Massenspektrum für Ereignisse im Bereich $2{,}5 < m_{e^+e^-} < 3{,}5$ GeV/c². Das e^+e^--Paar wird in Stößen $p + Be \to e^+e^- + \ldots$ erzeugt [1].

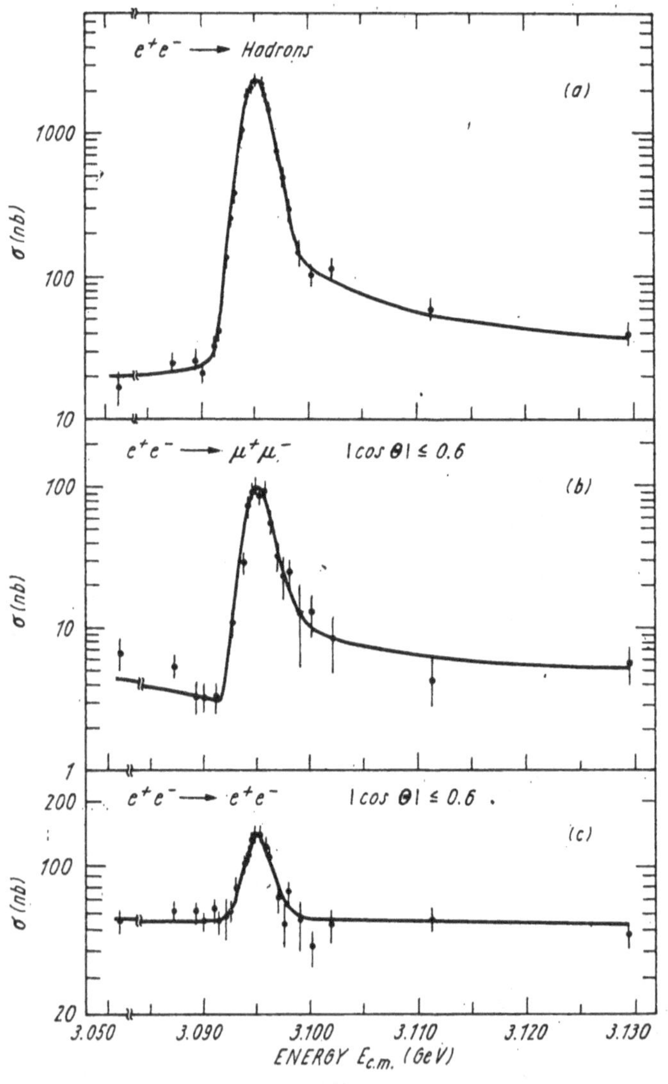

Abb. 2. Der Wirkungsquerschnitt für (a) $e^+e^- \rightarrow$ Hadronen, (b)$e^+e^- \rightarrow \mu^+\mu^-$ und (c) $e^+e^- \rightarrow e^+e^-$ als Funktion der Schwerpunktsenergie $\sqrt{s}$ [2].

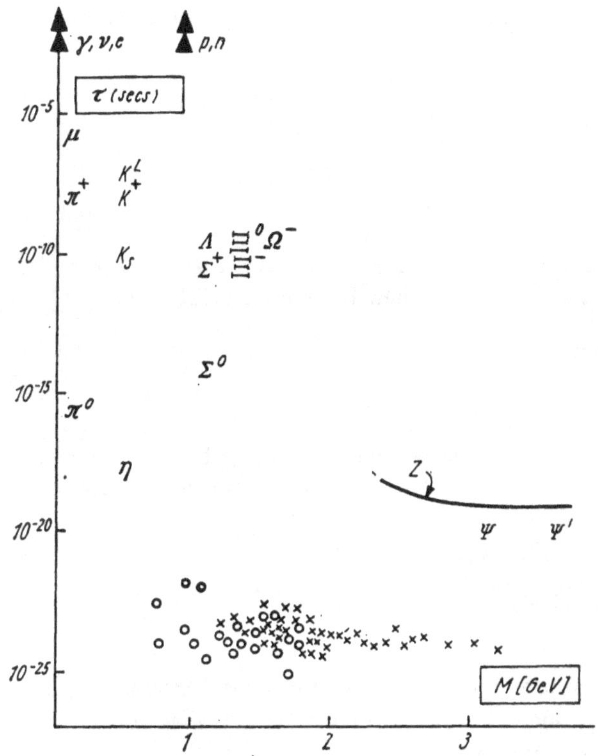

Abb. 3. Die Lebensdauer τ als Funktion der Masse der bekannten Teilchen.

Tabelle 1
Eigenschaften des J, ψ sowie der ψ' und ψ''

	Masse GeV/c^2	Γ MeV	e^+e^- keV
J, ψ	3,095 ± 4	0,069 ± 0,015	4,8 ± 0,6
ψ'	3,684 ± 5	0,228 ± 0,056	2,1 ± 0,3
ψ''	4,414 ± 7	33 ± 10	0,44 ± 0,14

— Weitere Teilchen von der Art des J, ψ wurden in e^+e^--Annihilationsreaktionen gefunden [15, 16]

$$\left.\begin{aligned} e^+e^- &\to \psi'(3{,}684\ \mathrm{GeV}/c^2) \\ e^+e^- &\to \psi''(4{,}414\ \mathrm{GeV}/c^2) \end{aligned}\right\} \to \left\{\begin{array}{l} e^+e^- \\ \mu^+\mu^- \\ \text{Hadronen} \end{array}\right. \tag{3}$$

In Tabelle 1 geben wir einige Eigenschaften des J, ψ und der ψ' und ψ'' an. Weitere ähnliche Teilchen, bisher noch nicht sicher identifiziert, liegen bei $M = 3{,}95$, 4,05 und 4,10 GeV/c^2.

— Im Sommer 1975 wurde der Kaskadenzerfall des ψ' über mehrere Zwischenzustände [17, 18] gefunden

$$\begin{array}{l} \psi' \to \gamma + \chi_c \\ \quad\quad\quad\; \vdash\!\to \gamma + J, \psi \\ \quad\quad\quad\; \vdash\!\to \pi^+\pi^- \\ \quad\quad\quad\; \vdash\!\to K^+K^- \\ \quad\quad\quad\; \llcorner\!\to \ldots \end{array} \tag{4}$$

Zwischenzustände χ_c wurden bisher mit Massen von 3,41, 3,51 und 3,55 GeV/c² identifiziert. Auch das J, ψ zeigt einen Kaskadenzerfall

$$\begin{array}{l} J, \psi \to \gamma + \chi \; (2{,}856 \; \mathrm{GeV/c^2}) \\ \quad\quad\quad\;\; \vdash\!\to \gamma\gamma \\ \quad\quad\quad\;\; \llcorner\!\to p p^- \end{array} \tag{5}$$

— Im Sommer 1975 wurden in e^+e^--Reaktionen Hinweise für ein neues Teilchen $U(M_u \approx 1{,}8 \; \mathrm{GeV/c^2})$ gefunden, welches meist als schweres Lepton gedeutet wird [19]

$$\begin{array}{l} e^+e^- \to U^+ + U^- \\ \quad\quad\quad\; | \quad\quad\; \llcorner\!\to e^- \overline{V} e V u \\ \quad\quad\quad\; \llcorner\!\to \mu^+ V \mu - \overline{V} u \end{array} \tag{6}$$

— In Neutrinoreaktionen findet man Hinweise für neue Teilchen $Y(M_y \approx 2 \; \mathrm{GeV/c^2})$, die offenbar eine neue Quantenzahl besitzen, da sie nur über die schwache Wechselwirkung zerfallen [20, 21].

$$\begin{array}{l} v + N \to \mu^- + Y \\ \quad\quad\quad\quad\quad\quad\; \llcorner\!\to \mu^+ + (\mathrm{K}^\circ) + \cdots \end{array} \tag{7}$$

Möglicherweise handelt es sich hier um Teilchen mit der neuen Quantenzahl Charm, auf die wir noch weiter eingehen werden.
— Im Februar 1976 wurde ein neues Teilchen Y, mit $M_Y = 6 \; \mathrm{GeV/c^2}$ das bisher schwerste Teilchen, berichtet

$$\begin{array}{l} p + N \to y + \cdots \\ \quad\quad\quad\quad \llcorner\!\to e^+e^- \end{array} \tag{8}$$

Dieses Teilchen konnte jedoch nicht in e^+e^--Reaktionen nachgewiesen werden.
— Schließlich gibt es seit Mai 1976 Gerüchte über die Erzeugung von Teilchen mit Charm in e^+e^--Reaktionen

$$\begin{array}{l} e^+e^- \to D_0 + \overline{D}_0^x \quad\quad (\overline{D}_0 + D_0^x) \\ \quad\quad\quad\; \llcorner\!\to K^+\pi^-, K^-\pi^+, K^+\pi^+\pi^-\pi^+, K^-\pi^+\pi^-\pi^+ \end{array} \tag{9}$$

Dabei soll die Masse dieses Teilchens $M_D = 1{,}865 \; \mathrm{GeV/c^2}$ betragen.

2. Die Klassifizierung der bisher bekannten Teilchen im Quark-Modell

Die bisher bekannten Teilchen werden klassifiziert in

1. Photonen

2. Leptonen, d.h. Elektronen und Müonen zusammen mit den dazugehörigen Neutrinos und Antiteilchen

3. Hadronen. Es sind heute mehrere hundert Baryonen (Fermionen mit der erhaltenen Baryonenzahl $B = \pm 1$) und Mesonen (Bosonen mit $B = 0$) bekannt.

An der weiteren Klassifizierung und Ordnung der Hadronen wird seit Beginn der 60er Jahre gearbeitet. Neben dem Regge-Modell ist hier insbesondere die Ordnung der Hadronen in SU(3)-Singuletts, Oktetts und Dekupletts zu nennen, siehe Abb. 4.

Das Quarkmodell [23—25] wurde auf der Grundlage der erfolgreichen SU(3)-Klassifizierung der Hadronen entwickelt und führt den Erfolg dieser Klassifizierung auf den Aufbau der bekannten Hadronen aus elementaren Fermionen, den Quarks, zurück. Es wird von 3 Quarks mit den Bezeichnungen $u(up)$, d (down) und s (singulett) (gelegentlich auch noch als p-(Proton), n-(Neutron) und λ-(Lambda-Hyperon) Quarks bezeichnet) ausgegangen. In der üblichsten Formulierung des Quark-Modells (GELL-MANN, ZWEIG [26, 27]) besitzen Quarks gebrochene Ladungen und gebrochene Baryonenzahl

	Q	B	S (Strangeness)	
u	2/3	1/3	0	
d	−1/3	1/3	0	(10)
s	−1/3	1/3	−1,	

sie werden den niedrigsten SU(3)-Multipletts, den Tripletts zugeordnet, siehe Abb. 4.

Im Quark-Modell werden Mesonen als gebundene Zustände eines Quarks und eines Antiquarks $q\bar{q}$ verstanden, siehe Abb. 5; Baryonen werden als gebundene Zustände dreier Quarks qqq angesehen.

Es ist bemerkenswert, daß bisher in der Natur nur Mesonen und Baryonen gefunden wurden, die sich im Quarkmodell als Zustände $q\bar{q}$ bzw. qqq verstehen lassen. Es wurden z.B. keine Teilchen gefunden, die höheren SU(3)-Multipletts, z.B. dem 27-plet zuzuordnen wären, wo die $q\bar{q}$- oder qqq-Deutung nicht möglich ist. Teilchen mit Quantenzahlen, die im Quarkmodell nicht als $q\bar{q}$ oder qqq verstanden werden können, werden als exotische Hadronen bezeichnet. Trotz intensiver Suche wurden bisher keine derartigen Teilchen gefunden.

Im Rahmen des Quark-Modells ordnet man den Hadronen Quarkwellenfunktionen zu. Beispiele sind z.B. für die Vektormesonen ω und φ

$$\omega = \frac{1}{\sqrt{2}} (u\bar{u} + d\bar{d}) \qquad (11)$$
$$\varphi = s\bar{s}$$

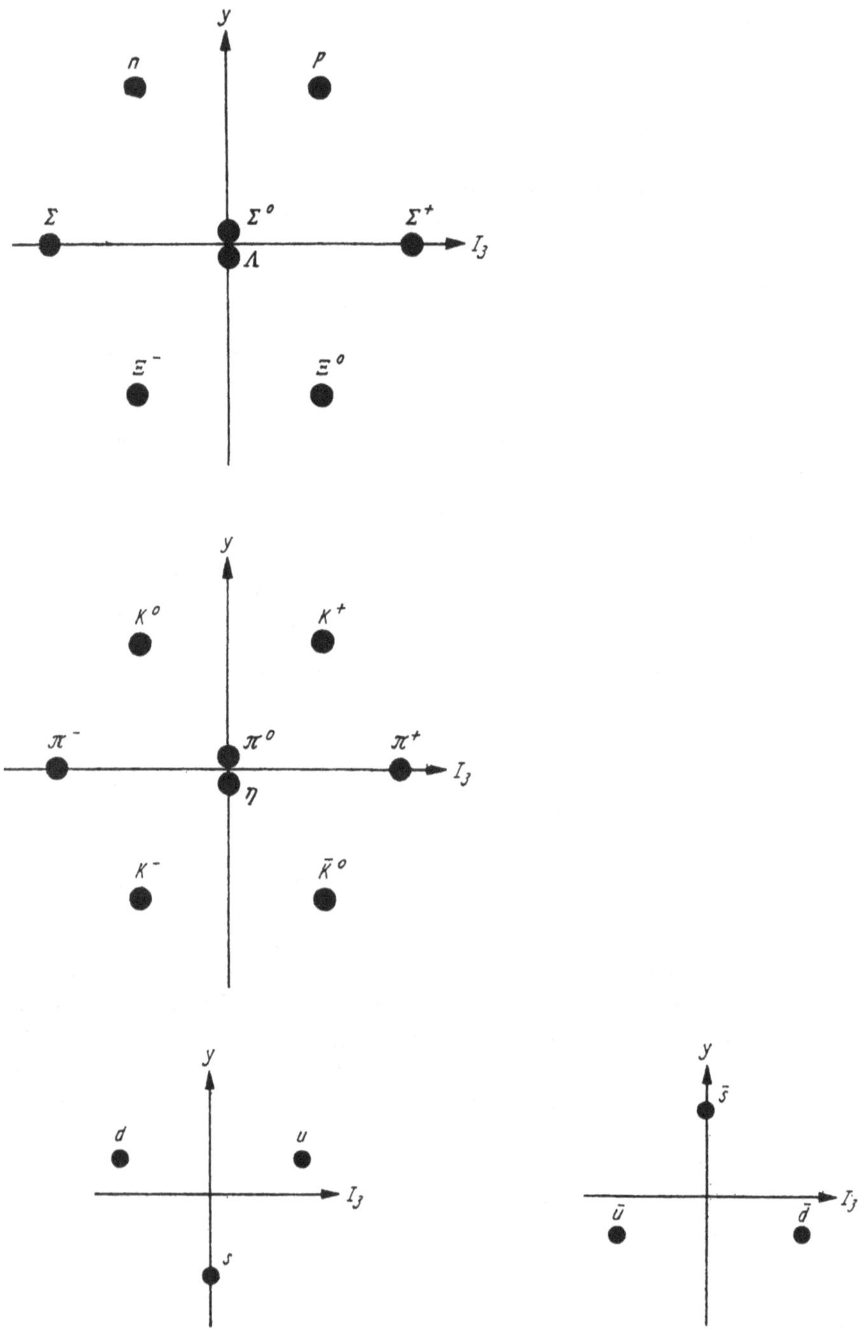

Abb. 4. Einige SU(3)-Multipletts von Baryonen, Mesonen und Quarks.

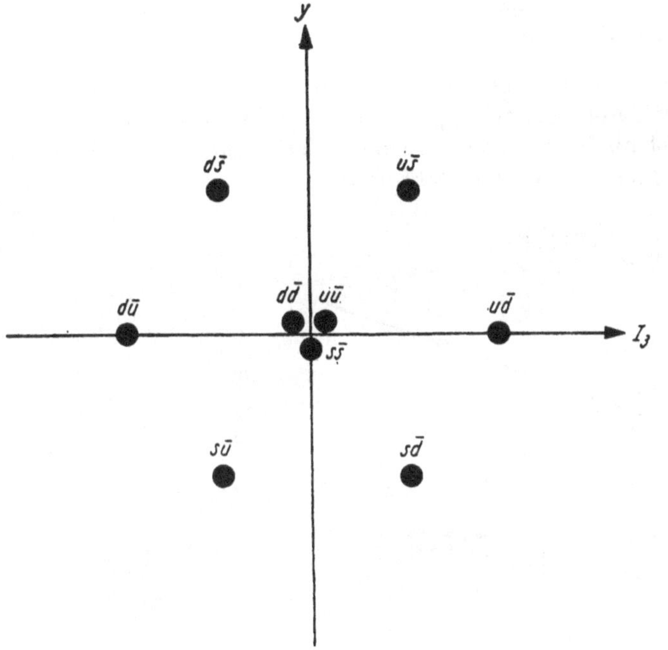

Abb. 5. Mesonen als gebundene Zustände $q\bar{q}$.

Die typische Zerfallsbreite instabiler Hadronenresonanzen, die über die starke Wechselwirkung zerfallen können, beträgt $\Gamma = 100-200$ MeV.

Eine Ausnahme von dieser Regel stellt das φ-Meson mit einer Breite $\Gamma_\varphi \approx$ 3 MeV dar.

Man glaubt diese Ausnahme qualitativ zu verstehen mit Hilfe der sogenannten OZI-Regel (Okubo-Zweig-Iizuka). Bei den meisten Zerfällen von Hadronen sind die Quarks des zerfallenden Teilchens auch in den Zerfallsprodukten enthalten — nicht so beim φ-Zerfall, den wir mit dem Zerfall des ϱ-Mesons vergleichen

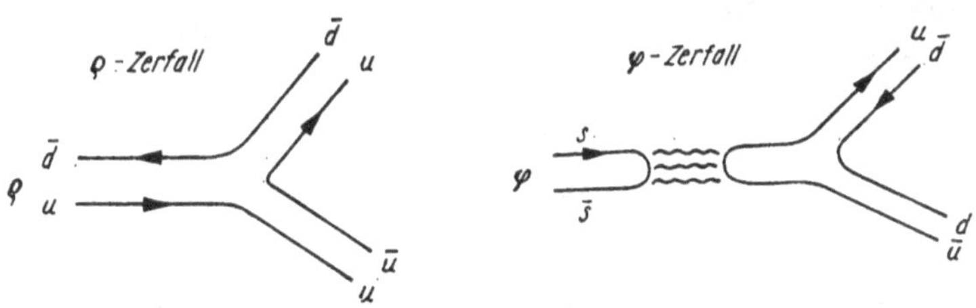

(12)

Durch die Notwendigkeit zur Annihilation des $s\bar{s}$-Quarks des φ wird die Zerfallswahrscheinlichkeit unterdrückt.

3. *Hinweise für die Existenz punktförmiger Konstituenten der Hadronen in tief inelastischen Lepton-Hadron-Stößen*

Betrachten wir zunächst die nichtrelativistische elastische Streuung einer Punktladung an einer Ladungsverteilung $\varrho(r)$ siehe Abbildung 6. Der Streuquerschnitt $d\sigma/d\Omega$ läßt sich als Produkt des Streuquerschnitts an einer Punktladung $d\sigma/d\Omega_{\text{Punkt}}$ und des Quadrats des Formfaktors $F(q^2)$ schreiben

$$\frac{d\sigma}{d\Omega} = \frac{d\sigma}{d\Omega}\bigg|_{\text{Punkt}} \cdot |F(q^2)|^2 \tag{13}$$

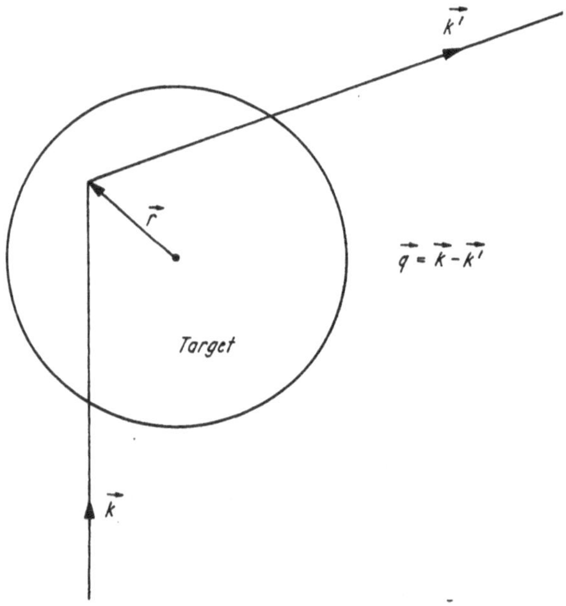

Abb. 6. Nichtrelativistische elastische Streuung an einer Ladungsverteilung.

Im nichtrelativistischen Fall ist der Formfaktor die Fouriertransformierte der Ladungsverteilung

$$F(q^2) = \int d^3\vec{r}\,\varrho(r) e^{i\vec{q}\cdot\vec{r}} \tag{14}$$

Beispiel für Paare $\varrho(r)$ und $F(q^2)$ sind

$$\begin{array}{ll} \varrho(r) & F(q)^2 \\ \delta(r) & 1 \\ e^{-r/a} & \dfrac{1}{\left(1 + \dfrac{q^2 a^2}{\hbar^2}\right)^2} \end{array} \tag{15}$$

Für die Streuung an einem punktförmigen Teilchen $\varrho(r) = \delta(r)$ ist der Formfaktor unabhängig vom Impulsübertrag q. Im Falle der Streuung an einer verschmierten Ladungsverteilung fällt der Formfaktor stark mit q^2 ab.

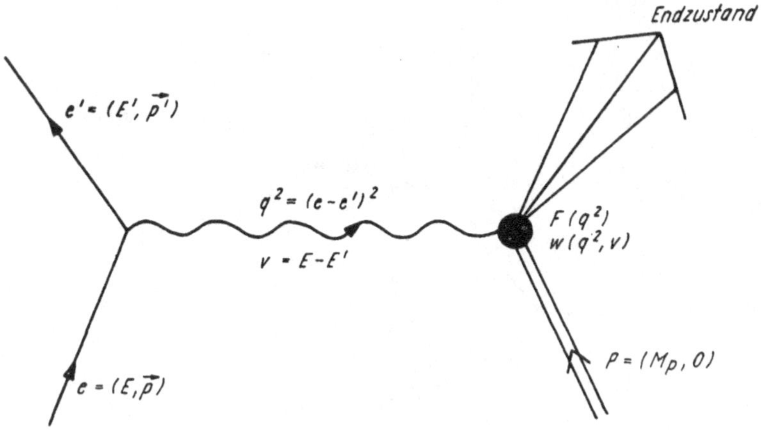

Abb. 7. Relativistische Elektron-Protonstreuung.

Im Falle der relativistischen Elektron-Hadron- oder Neutrino-Hadron-Streuung, siehe Abbildung 7, lassen sich nur noch Formfaktoren, nicht mehr Ladungsverteilungen definieren. Bei elastischer Lepton-Proton-Streuung mißt man Formfaktoren, die sich wie

$$G(q^2) = \frac{1}{\left(1 + \frac{q^2}{M^2}\right)^2} \tag{16}$$

verhalten und die auf eine ausgedehnte räumliche Struktur der Protonen hinweisen. Im Falle der inelastischen Lepton-Hadron-Streuung wird der Hadronenvertex durch inelastische Strukturfunktionen $w(r, q^2)$ charakterisiert, für die experimentell das Bjorken-scaling Verhalten gefunden wurde

$$w(v, q^2) = w\left(x = \frac{q^2}{2Mv}\right) \tag{17}$$

Diese Strukturfunktionen hängen nur noch von der Variablen x, nicht mehr von q^2 ab und lassen sich durch die Hypothese der Streuung an punktförmigen Konstituenten des Hadrons (in diesem Zusammenhang als Partons oder Quark-Partons bezeichnet) deuten.

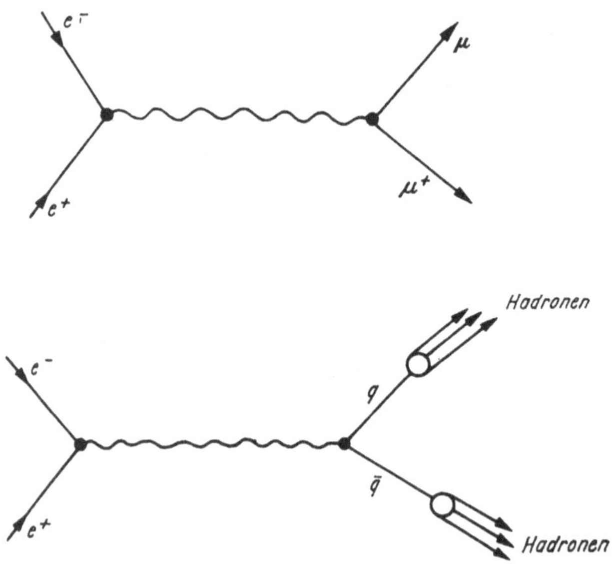

Abb. 8. e^+e^--Annihilation in $\mu^+\mu^-$ und in Hadronen.

4. Probleme des Quark-Modells

Neben den beachtlichen in den Abschnitten 2 und 3 skizzierten Erfolgen des Quark- bzw. Quark-Parton-Modells ergibt sich zunächst eine Vielzahl theoretischer und experimenteller Probleme, die zu ihrer Lösung eine Weiterentwicklung des Modells verlangen. Im folgenden gehen wir auf einige dieser Probleme ein und deuten die damit im Zusammenhang stehenden Weiterentwicklungen des Modells an.

4.1. Sind Quarks permanent gebunden?

Eine wesentliche Schwierigkeit für das Quark-Modell besteht in der Tatsache, daß trotz intensiver Suche keine freien Quarks beobachtet wurden. Zunächst folgerte man daraus, daß Quarks offenbar so große Ruhmassen haben, daß ihre Erzeugung bei den Energien der gegenwärtigen Beschleuniger nicht möglich ist.

In den letzten Jahren wurden jedoch mehrere Modelle mit permanent gebundenen Quarks entwickelt, die sogenannten Quark-Bag-Modelle [28, 29]. Auch auf der Grundlage von SU(3)-Farb-Quark-Gluon-Eichfeldtheorien der starken Wechselwirkung gibt es Argumente für permanent gebundene Quarks [8—11]. Eine häufig angefuhrte Analogie für ein Meson als $q\bar{q}$-Zustand ist der magnetische Dipol, der sich ebenfalls nicht in Nord- und Südpol zerlegen läßt.

4.2. Die Statistik der Quarks-Farbquantenzahlen

Baryonen lassen sich nur mit Hilfe völlig symmetrischer Wellenfunktionen des 3-Quarksystems qqq verstehen, Quarks sind jedoch Fermionen! Entweder Quarks gehorchen nicht der Fermi-Statistik, sondern der Parastatistik, oder eine andere dynamische Hypothese muß den Widerspruch beseitigen. Man wählt als Ausweg die Hypothese der (unbeobachteten) Farbquantenzahlen der Quarks. Quarks werden der erweiterten Gruppe

$$\underset{I,Y}{SU(3)} \times \underset{\text{Farb}}{SU(3)} \tag{18}$$

zugeordnet, d.h. es gibt 9 fundamentale Quarks, die u-, d- und s-Quarks in je 3 Farben. Hadronen jedoch sind Singuletts bezüglich der Farbquantenzahlen, d.h. durch eine antisymmetrische Wellenfunktion in den Farbfreiheitsgraden zu beschreiben. Diese hypothetischen Farbfreiheitsgrade sind ebenfalls von großer Bedeutung für die Versuche zum Aufbau einer Quark-Gluon-Eichfeldtheorie der starken Wechselwirkung.

4.3. Schwache Wechselwirkung, Neutrale Ströme unter Verletzung der Hyperladung — Charm

Im Rahmen der Eichfeldtheorie der schwachen und elektromagnetischen Wechselwirkung [30], [4], [31] werden neben den wohlbekannten geladenen Strömen auch neutrale Ströme vorhergesagt.

Neutrale Ströme unter Erhaltung der Hyperladung wurden seither experimentell nachgewiesen. Die Vorhersage neutraler Ströme mit Verletzung der Hyperladung steht jedoch im Widerspruch zum Experiment, z.B. der außerordentlichen Seltenheit des Zerfalls

$$K_L^0 \to \mu^+\mu^- \tag{19}$$

In der phänomenologischen V-A-Theorie der schwachen Wechselwirkung hat die schwache Wechselwirkung der Leptonen eine einfache SU(2)-Dublett-Struktur

$$\begin{array}{cc} \bullet\ v_e & \bullet\ v_\mu \\ G \updownarrow J^{\pm} & G \updownarrow J^{\pm} \\ \bullet\ e & \bullet\ \mu \end{array} \tag{20}$$

mit den geladenen und neutralen Strömen

$$\begin{aligned} J^+ &= v_e\bar{e} + v_\mu\bar{\mu} \\ J^- &= e\bar{v}_e + \mu\bar{v}_\mu \\ J^0 &= \bar{v}_e v_e + v_\mu\bar{v}_\mu - e\bar{e} - \mu\,\bar{\mu} \end{aligned} \tag{21}$$

Die schwache Wechselwirkung der Hadronen, zurückgeführt auf die schwache Wechselwirkung der Quarks, hat jedoch eine völlig andere Form

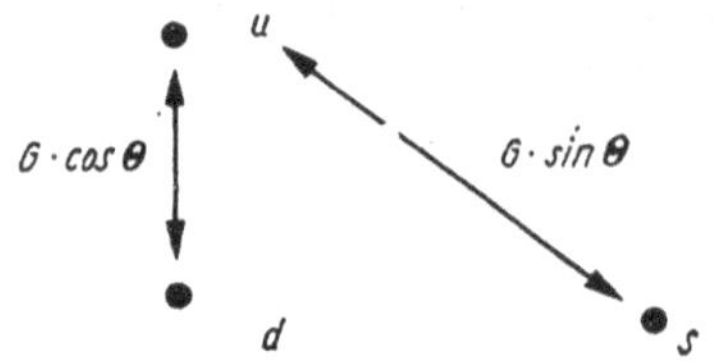

(22)

In der von Cabbibo vorgeschlagenen modifizierten Theorie sind die Eigenzustände der Quarks bezüglich der schwachen Wechselwirkung nicht die d- und s-Quarks, sondern

$$\begin{aligned} d' &= d\cos\Theta + s\sin\Theta \\ s' &= -d\sin\Theta + s\cos\Theta \end{aligned} \tag{23}$$

Die schwache Wechselwirkung der Quarks erhält damit die Gestalt

$$\begin{array}{lll} & \bullet\, u & \\ G & \updownarrow\, J^{\pm} & \\ & \bullet\, d' & \bullet\, s' \end{array} \tag{24}$$

mit den geladenen und neutralen Strömen

$$\begin{aligned} J^{+} &= u\bar{d}', \quad J^{-} = d'\bar{u} \\ J^{0} &= u\bar{u} - d'\bar{d}' \end{aligned} \tag{25}$$

(24) und (25) sind der Struktur der schwachen Wechselwirkung der Leponen ähnlicher, aber

- der Quark s' nimmt an der schwachen Wechselwirkung nicht teil
- der neutrale Strom enthält Terme $d\bar{s}$ und $s\bar{d}$, welche die Hyperladung ändern und die, wie oben ausgeführt, im Widerspruch zum Experiment stehen.

Diese Schwäche wird in dem von Glashow, Illiopoulos und Maiani (GIM) [32] vorgeschlagenen Modell beseitigt — allerdings wird ein vierter hypothetischer Quark c mit der Ladung $Q_c = 2/3$ und mit einer neuen als Charm bezeichneten Quantenzahl eingeführt.

$$\begin{array}{lll} \bullet\, u & \bullet\, c & J^{+} = u\bar{d}' + c\bar{s}' \\ \updownarrow & \updownarrow & J^{-} = d'\bar{u} + s'\bar{c} \\ \bullet\, d' & \bullet\, s' & J^{0} = u\bar{u} + c\bar{c} - d'\bar{d}' - s'\bar{s}' \\ & & \quad\;\; = u\bar{u} + c\bar{c} - d\bar{d} - s\bar{s} \end{array} \tag{26}$$

In diesem Modell fällt der neutrale Strom mit $|\Delta s| = 1$ weg, der Quark s' nimmt an der schwachen Wechselwirkung teil und es herrscht eine vollständige Quark-Lepton-Symmetrie. Erkauft werden diese theoretischen Vorzüge des

Modells allerdings durch die Vorhersage von Quarks mit der Quantenzahl Charm und durch die entsprechende Vorhersage von Hadronen mit dieser Quantenzahl.

4.4. Elektron-Positron-Annihilation in Hadronen

Elektron-Positron-Annihilation in Hadronen ist ein Prozeß, der im Quarkmodell betrachtet sehr ähnlich dem Prozeß $e^+e^- \to \mu^+\mu^-$ abläuft, für den die Vorhersagen der Quantenelektrodynamik vorliegen und sehr gut mit dem Experiment übereinstimmen, siehe Abb. 8. Aus der Betrachtung der Graphen in Abbildung 8 folgt für das Verhältnis der Wirkungsquerschnitte für Annihilation in Hadronen bzw. in Müonen

$$R = \frac{\sigma(e^+e^- \to \text{Hadronen})}{\sigma(e^+e^- \to \mu^+\mu^-)} = \sum_i Q_i^2 \tag{27}$$

Dabei ist die Summe über alle elementaren Quarks (und eventuelle schwere Leptonen, die in Hadronen zerfallen können) zu erstrecken. Insbesondere findet man

$$\begin{array}{ll} \text{Gell-Mann-Zweig-Quarks} & R = \left(\frac{2}{3}\right)^2 + \left(-\frac{1}{3}\right)^2 + \left(-\frac{1}{3}\right)^2 = \frac{2}{3} \\ \text{Farbige Quarks} & R = 3 \cdot \frac{2}{3} = 2 \\ \text{Farbige Quarks + Charm} & R = 3\frac{1}{3} \\ \text{Farbe, Charm und ein} & \\ \text{schweres Lepton } (Q = 1) & R = 4\frac{1}{3} \end{array} \tag{28}$$

Die experimentellen Daten für R aus den Jahren 1973, 1974 und 1975 werden in Abbildung 9 als Funktion der Schwerpunktenergie $\sqrt{s}$ angegeben.

1973 wurden der Anstieg der Daten über $R = 2$ hinaus von den Theoretikern nicht geglaubt. Als dieser Anstieg 1974 experimentell gesichert war, glaubte man, das Quark-Modell sei widerlegt. Die Qualität der experimentellen Daten von 1975 ist wesentlich besser. Inzwischen wurden die oben erwähnten neuen Teilchen J, ψ und ψ' gefunden. Außerhalb der Resonanzen findet man jetzt unterhalb $\sqrt{s} = 3{,}5$ GeV etwa $R = 2^1/_3$, das ist mit dem Modell mit 3 farbigen Quarks verträglich. Zwischen $\sqrt{s} = 3{,}5$ und 5 GeV steigt R an. Dieser Anstieg kann gedeutet werden als eine Schwelle, an der die Erzeugung neuer schwererer Quarks und/oder Leptonen möglich wird. Oberhalb der Schwelle ist $R \approx 5$ und konstant. Dieser Wert ist mit einem Modell mit 4 farbigen Quarks und einem schweren Lepton verträglich, jedoch können andere Deutungen, z.B. mehrere zusätzliche schwere Quarks nicht ausgeschlossen werden.

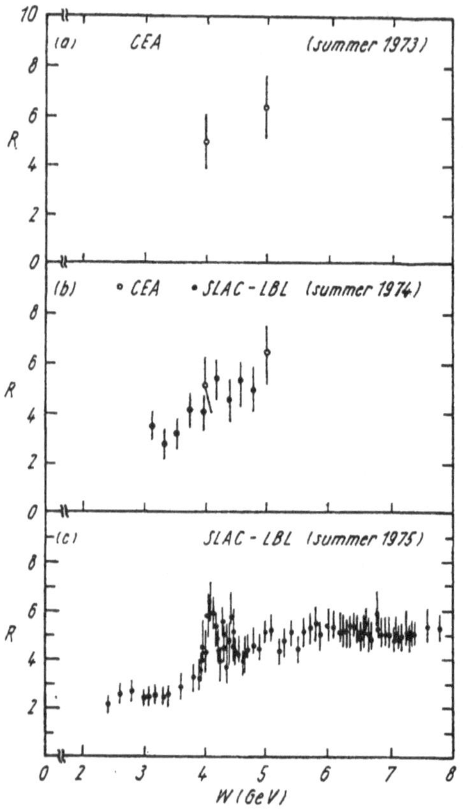

Abb. 9. Daten der e^+e^--Annihilation in Hadronen, $R = \sigma(e^+e^- \to \text{Hadronen})/\sigma(e^+e^- \to \mu^+\mu^-)$ oberhalb $\sqrt{s} = 3$ GeV (a) 1973 (a) 1974 und (c) (1975).

4.5. Zusammenfassung der Schwierigkeiten des Quark-Modells und der theoretischen Vorschläge zu ihrer Lösung

Wir hatten die folgenden Schwierigkeiten des Quark-Modells diskutiert

- Bisher wurden keine freien Quarks gefunden
- Symmetrie der Quarkwellenfunktion
- Strangeness ändernde neutrale Ströme
- Quark-Lepton-Symmetrie — 4 Leptonen — 3 Quarks
- Anstieg des Verhältnisses R bei der e^+e^--Annihilation

Alle diese Schwierigkeiten lassen sich durch zwei zusätzliche Hypothesen beheben:

Farbige Quarks

- Die in den Farbfreiheitsgraden antisymmetrische Quarkwellenfunktion löst das Problem der Quark-Symmetrie

— Der absolute Wert des Verhältnisses R bei e^+e^--Annihilation ist ohne die Farbfreiheitsgrade sehr schwer zu verstehen
— Es läßt sich verstehen, daß nur gebundene Zustände $q\bar{q}$ und qqq gefunden werden
— Im Rahmen von Farb-(SU(3)-Quark-Gluon-Eichfeldtheorien der starken Wechselwirkung werden die Quarks durch ein Oktett von farbigen Gluons, den Feldquanten dieser Theorie, gebunden.
Solche Theorien besitzen insbesondere die Eigenschaft der „Asymptotischen Freiheit" [33].
Bei großen Impulsüberträgen, d.h. kleinen Abständen verhalten sich die im Hadron gebundenen Quarks wie freie Teilchen.

Etwas weniger gesichert ist eine weitere Eigenschaft solcher Theorien: Bei großen Abständen bzw. kleinen Impulsüberträgen fällt die die Quarks bindende Kraft durch den Anstieg der Kopplung nicht ab und hat die Eigenschaft der permanenten Bindung der Quarks im Hadron.

Existenz von 4 oder mehr Quarks
— Damit fallen die neutralen Ströme mit $|\Delta s| = 1$ weg.
— Man findet eventuell eine vollständige Quark-Lepton-Symmetrie.
— Das Verhältnis R der e^+e^--Annihilation läßt sich besser verstehen.

5. *Die Natur der J, ψ-Teilchen*

Wir haben in den Abschnitten 2 bis 4 versucht, die experimentelle und theoretische Situation in der Elementarteilchenphysik vor der Entdeckung der neuen Teilchen zu charakterisieren. In den folgenden Abschnitten wenden wir uns der theoretischen Interpretation der neuen Teilchen zu.

5.1. Sind die J, ψ-Teilchen Hadronen

Die Lage der J, ψ-Teilchen in der Darstellung von Abb. 3 läßt Zweifel über die Interpretation dieser Teilchen aufkommen. Trotzdem glaubt man heute, daß es sich um Hadronen handelt:

1. Die Mitglieder der ψ-Familie mit Massen oberhalb $M = 3{,}8$ GeV/c^2 besitzen Zerfallsbreiten, wie für Hadronen zu erwarten.

2. Das J, ψ besitzt Quantenzahlen wie Isospin $I = 0$ und G-Parität $G = 1$, die für Hadronen typisch sind.

3. Aus dem Wirkungsquerschnitt für Photonenerzeugung der J, ψ Teilchen läßt sich der J, ψ-p-Wirkungsquerschnitt herleiten, wenn vom Vektordominanzmodell ausgegangen wird.

Das J, ψ ist ein Vektorteilchen (Spin $J = 1$), wie aus seiner Kupplung an das Photon bei der e^+e^--Erzeugung oder beim Zerfall in e^+e^- klar wird

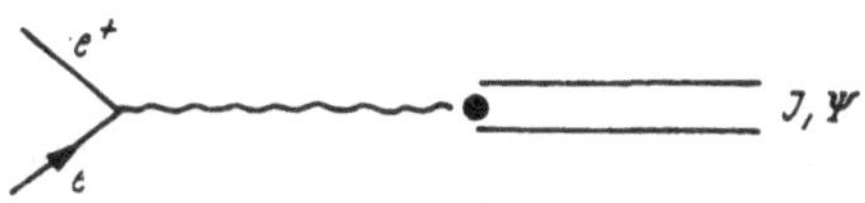

(29)

Die Photoerzeugung $\gamma p \to J, \psi + p$ im Vektordominanzmodell wird wie folgt verstanden

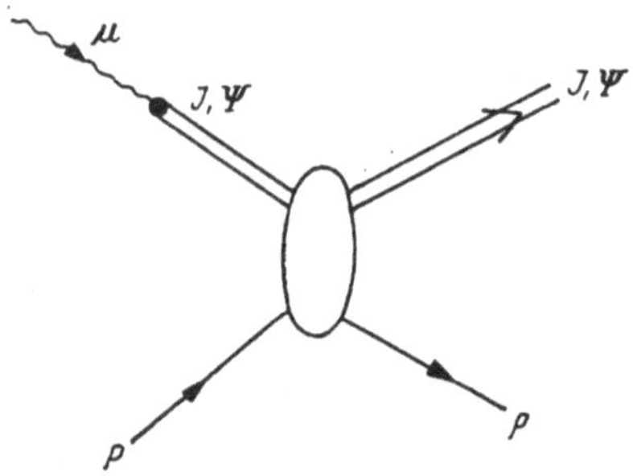

$$(30)$$

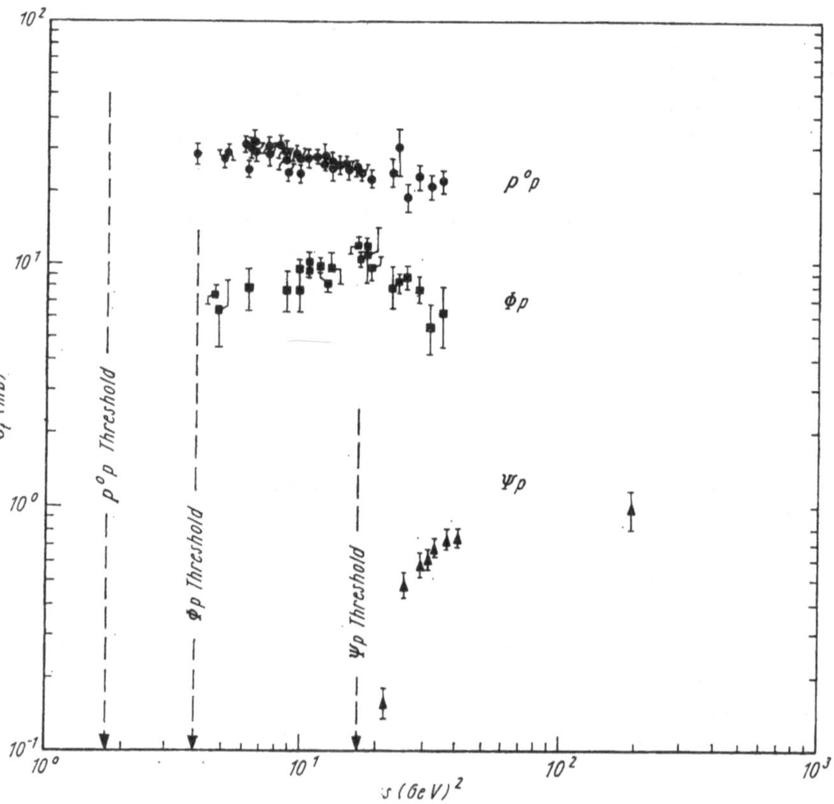

Abb. 10. Gesamtwirkungsquerschnitte der $\varrho^0 N$-, φN- und $J, \psi N$-Streuung, berechnet mit Hilfe des Vektordominanzmodells.

Dabei ist die γ-J, ψ-Kopplung vom Zerfall $J, \psi \to e^+e^-$ her bekannt. Das Diagramm (30) entspricht dem Wirkungsquerschnitt

$$\frac{d\sigma}{dt}(\gamma p \to J, \psi + p) \propto \frac{\Gamma(J, \psi \to e^+e^-)}{M(J, \psi)} \cdot \frac{d\sigma}{dt}(J, \psi + p \to J, \psi + p) \quad (31)$$

Aus dem Optischen Theorem $ImA \propto \sigma_0$ und aus $d\sigma/dt = [ImA]^2$ folgt der Zusammenhang zum J, ψ-p-Gesamtwirkungsquerschnitt

$$\frac{d\sigma}{dt}(\gamma p \to J, \psi + p) \propto \frac{\Gamma(J, \psi \to e^+e^-)}{M(J, \psi)} [\sigma_0(J, \psi - p)]^2 \quad (32)$$

Aus der Analyse der Daten folgt, siehe auch Abbildung 10,

$$\sigma_0(J, \psi - p) \approx 1 \text{ mb} \quad (33)$$

zweifellos ein für Hadronen sehr kleiner Wert (Vergleiche mit $\sigma(\varphi$-$p) \approx 10$ mb in Abb. 10), der jedoch noch die Deutung des J, ψ als Hadron zuläßt.

5.2. Besitzt das J, ψ-Teilchen Farbquantenzahlen

Die Deutung des J, ψ muß gleichzeitig eine Erklärung für die schmalen Zerfallsbreiten des J, ψ und des ψ' liefern.

Es wäre denkbar, daß diese Teilchen eine neue Quantenzahl besitzen und daß der Zerfall gehemmt ist, weil dabei diese neue Quantenzahl verletzt wird.

1. Eine additive neue Quantenzahl wie Baryonenzahl B, Strangeness S oder Ladung Q kommt nicht in Frage, da dann auch das Photon diese Quantenzahl besitzen müßte ($\gamma \to J, \psi$!)

2. Eine nicht additive Quantenzahl wie Isospin, SU(3) oder Parität ist möglich, wenn auch das Photon diese Quantenzahl besitzt. Hier fällt uns sofort die hypothetische Farb-SU(3)-Symmetrie ein, die im letzten Abschnitt besprochen wurde.

Wenn wir annehmen, daß das J, ψ Farbquantenzahlen hat, dann ist das J, ψ der niedrigste Zustand mit Farbe und deshalb schmal. Die Stufe im Verhältnis R der e^+e^--Annihilation (siehe Abb. 9) ist dann auf die Schwelle für die Erzeugung vieler neuer Teilchen mit Farbquantenzahlen zurückzuführen — alle diese Teilchen sollten über das J, ψ zerfallen.

Es folgt weiter, daß das J, ψ neben seinen Zerfällen in e^+e^- und $\mu^+\mu^-$ in Hadronen (ohne Farbe) hauptsächlich unter gleichzeitiger Emission eines Photons zerfällt, welches die Farbquantenzahl abführt

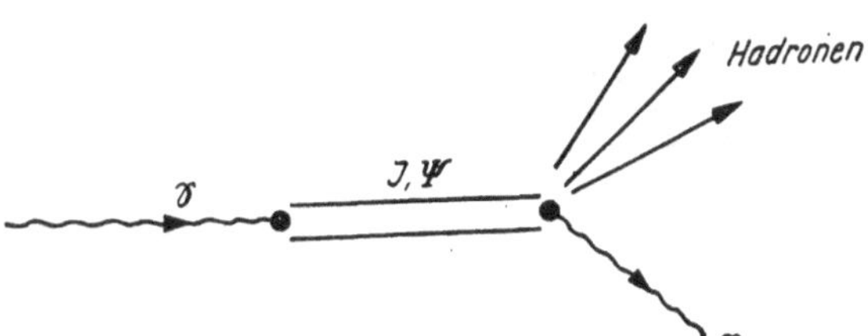

(34)

Solche Zerfälle wurden bisher nicht beobachtet. Andererseits wurden Zerfälle, die ohne Emission eines Photons ablaufen, wie $J, \psi \to \pi\varrho$, $\pi\pi\omega$, $p\bar{p}$, ... beobachtet. Es folgt, daß die J, ψ-Teilchen höchstwahrscheinlich keine Farbquantenzahlen besitzen.

5.3. Das Charmonium-System

Die folgende Interpretation der neuen Teilchen wird bisher als die wahrscheinlichste angesehen.

Wir gehen davon aus, daß alle Hadronen aus Quarks bestehen; dabei soll zwischen den bekannten, leichten Quarks u, d und s (als q bezeichnet) und einem oder mehreren neuen schweren Quarks (mit Q bezeichnet, z.B. der Quark mit der Charm-Quantenzahl c) unterschieden werden. Wir erwarten dann die folgenden Mesonen:

$$\begin{array}{l} \text{bisher bekannte Mesonen: } q\bar{q} \\ \text{neue Mesonen } J, \psi, \psi', \ldots, \chi_c, \ldots : Q\bar{Q} \\ \text{Mesonen mit neuen Quantenzahlen (Charm): } q\bar{Q}, \bar{q}Q \end{array} \tag{35}$$

1. Wir diskutieren als erstes die Deutung der Teilchen J, ψ, ψ' usw. als gebundene Zustände eines neuen schweren Quarks mit einem neuen schweren Antiquark. Dieses Bild erklärt die größere Masse der J, ψ im Vergleich zu normalen Hadronen. Es wird in Analogie zum Zerfall des φ-Mesons in Hadronen (12) auch die schmale Zerfallsbreite des J, ψ verständlich.

Die Zweig-Regel verbietet den Zerfall des J, ψ in normale Hadronen, die aus u-, d- und s-Quarks bestehen

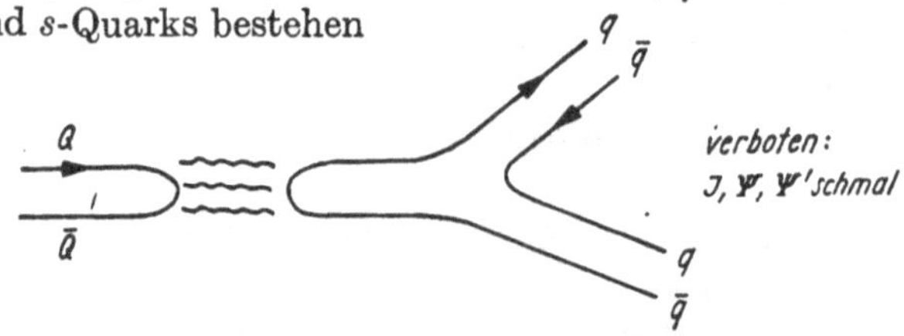

(36)

Dieser Zerfall ist nur über die Annihilation der Quarks Q in Gluonen möglich. In diesem Bild haben die höheren ψ'' Mesonen eine normale hadronische Breite, da sie oberhalb der Schwelle für den Zerfall in zwei Mesonen mit neuen Quantenzahlen (Charm!) liegen.

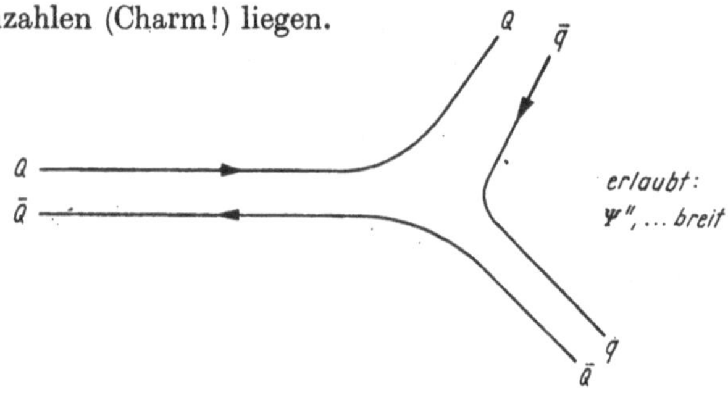

(37)

Auch die Stufe in R oberhalb von 3,5 GeV läßt sich als Schwelle für die Erzeugung dieser neuen Mesonen deuten

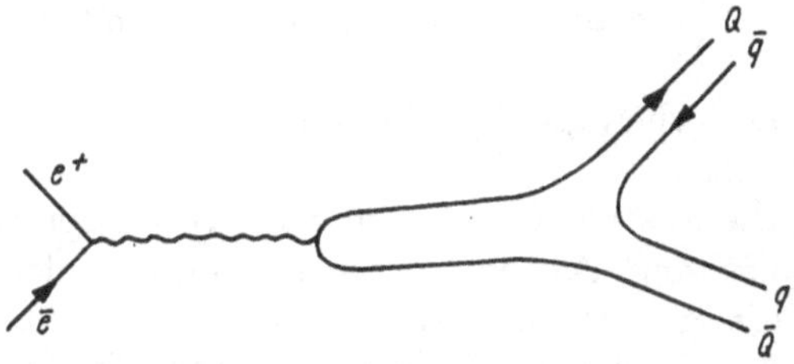

(38)

2. Der Zuordnung (35) entsprechen zwei Vorhersagen:

— Es werden weitere $Q\overline{Q}$ Zustände vorhergesagt, die dem Energieniveauschema des $Q\overline{Q}$-Charmonium-Systems entsprechen.

— Die Existenz von Mesonen mit neuen Quantenzahlen $q\overline{Q}$ (z.B. D-Mesonen mit Charm) wird vorhergesagt.

Wir beschäftigen uns zunächst mit dem Charmonium-System, welches schon kurze Zeit nach der Entdeckung der J, ψ vorhergesagt wurde [34, 35].

In der Farb-SU(3)-Quark-Gluon-Theorie werden Quarks durch den Austausch von Farb-Gluons gebunden. Diese Theorie besitzt die Eigenschaft der asymptotischen Freiheit. Oberhalb einer Energieskala von etwa 1 GeV wird die effektive Kopplungskonstante klein, und die Anwendung der Störungstheorie wird möglich. Bei kleineren Energien wächst jedoch die Kopplungsstärke und die Störungstheorie ist nicht anwendbar. Dieser Anstieg der Kopplung im Infraroten führt höchstwahrscheinlich zu einer permanenten Bindung der Quarks und Gluons innerhalb der Hadronen. Die Impulsüberträge innerhalb des J, ψ sind klein (einige hundert MeV). Die Störungstheorie läßt sich zur Berechnung der gebundenen Zustände nicht anwenden. Deshalb verwendet man ein phänomenologisches lineares Potential $V \sim kr + b$, welches durch die Untersuchungen über die permanente Quark-Bindung motiviert wird. Ein solches Vorgehen ist sinnvoll, da die Bewegung der schweren Konstituenten innerhalb des J, ψ in guter Näherung nichtrelativitisch beschrieben werden kann.

Das Energieniveausystem eines solchen nichtrelativistischen Systems, in dem ein schweres Teilchen mit dem Spin $^1/_2$ durch ein starkes Potential (z.B. das lineare Potential $V \sim kr + b$) mit seinem Antiteilchen gebunden wird, ist in Abbildung 11 angegeben. Motiviert durch die Quantenzahl Charm des vom GIM-Modell vorgeschlagenen schweren Quarks wird es meist als Charmonium Energieniveausystem bezeichnet.

Die Teilchen J, ψ (3,095) und ψ' (3,684) wurden sofort als die 1^3S_1- und 2^3S_1-Zustände identifiziert. Nach den dazwischen liegenden ^1S- und ^3P-Zuständen wurde zunächst lange Zeit erfolglos gesucht. Wie im Abschnitt 1 angegeben, wurden die Zustände $\chi_c(3{,}41)$, $\chi_c(3{,}51)$ und $\chi_c(3{,}55)$ schließlich durch Photonenübergänge vom ψ' gefunden. Die Zustände $\chi_c(3{,}41)$ und $\chi_c(3{,}51)$ werden als

$^3P_0$- und $^3P_1$-Zustände identifiziert, der $^3P_2$-Zustand wird dann bei $M = 3{,}61$ erwartet. Der Zustand $\chi_c(3{,}55)$ wird schließlich als $2^1S_0(\eta_c')$-Zustand angesehen. Der unterhalb des $J, \psi(3{,}095)$ liegende Zustand $1^1S_0(\eta_c)$ wird mit dem $X(2{,}85)$ identifiziert.

Insgesamt erwies sich die Vorhersage der Charmonium-Energieniveaus also als außerordentlich erfolgreich.

Die zweite Vorhersage, die aus der Charmonium-Interpretation der neuen Teilchen folgt, ist die Existenz von Teilchen mit neuen Quantenzahlen (Charm). Nach solchen Teilchen wurde ebenfalls intensiv gesucht.

Über die Charm-Suche in e^+e^--Reaktionen wurde bisher nur ein negatives Ergebnis veröffentlicht [36]. In letzter Zeit gibt es allerdings bisher noch nichtbestätigte Gerüchte über den Nachweis von Teilchen mit Charm im πK-Kanal bei $e^+e^- \to$ Hadronen, siehe Abschnitt 1.

Auch in Hadron-Hadron-Reaktionen wurde bisher eine große Zahl von Experimenten zur Charm-Suche durchgeführt, die bisher erfolglos verliefen.

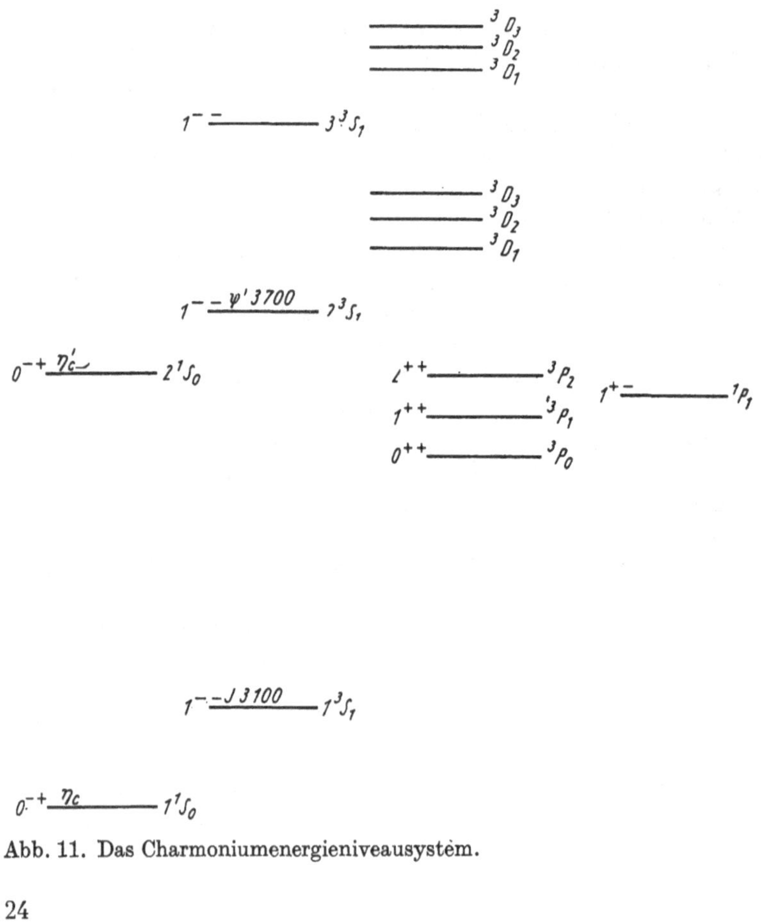

Abb. 11. Das Charmoniumenergieniveausystem.

6. Wurden Teilchen mit Charm in Neutrino-Reaktionen gefunden

Wir fassen zunächst die Vorhersagen des GIM-Modells bezüglich der Erzeugung von Teilchen mit Charm in Neutrinoreaktionen zusammen. Der Charm ändernde geladene Strom hat die Form

$$J\mu = \bar{c}\gamma_\mu(1 + \gamma_5)\,(s \cos \Theta - d \sin \Theta) + \text{h.c.} \tag{39}$$

Dabei sind c, s und d die Spinoren der Quarks, Θ ist der CABBIBO-Winkel. Die für die Übergangsraten interessierenden Werte von $\sin^2 \Theta$ und $\cos^2 \Theta$ sind

$$\begin{aligned} \sin^2 \Theta &\approx 0{,}05 \\ \cos^2 \Theta &\approx 0{,}95 \end{aligned} \tag{40}$$

Der Übergang vom Quark mit Charm c zum s-Quark mit Strangeness ist also viel wahrscheinlicher als der Übergang zum d-Quark. Wir erwarten beim Zerfall von Teilchen mit Charm im Endzustand K-Mesonen oder Λ-Hyperonen.

Die Charm-Erzeugung mit anschließendem Zerfall in Neutrino- bzw. Antineutrinoreaktionen verläuft nach den folgenden Graphen

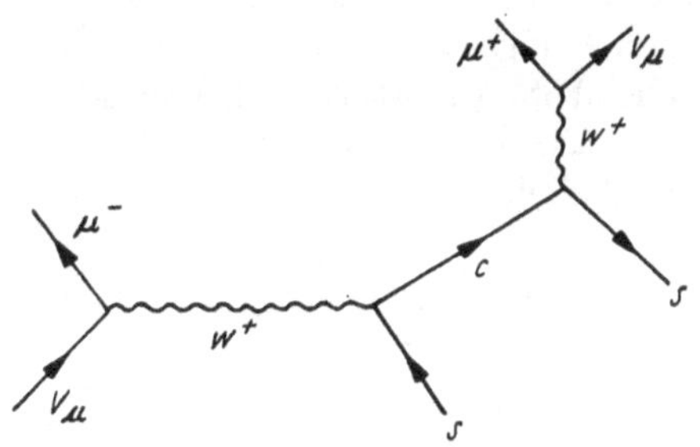

(41)

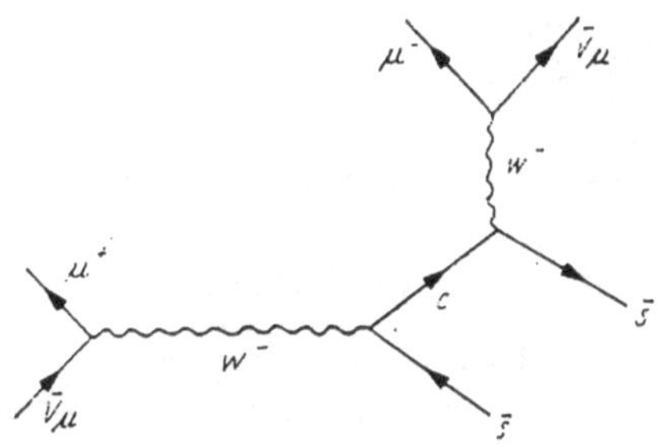

(42)

Die erwarteten Reaktionen sind

$$\begin{aligned} &v + N \to \mu^- + C + X \\ &\qquad\qquad \hookrightarrow \begin{Bmatrix} \mu^+ + v_\mu \\ e^+ + v_e \end{Bmatrix} + K + \dots \end{aligned} \tag{43}$$

$$\begin{aligned} &\bar{v} + N \to \mu^+ + C' + X \\ &\qquad\qquad \hookrightarrow \begin{Bmatrix} \mu^- + \bar{v}_\mu \\ e^- + \bar{v}_e \end{Bmatrix} + K + \dots \end{aligned} \tag{44}$$

Seit Anfang 1975 findet man in hochenergetischen Neutrino-Zählerexperimenten [20], bei denen nur die Müonen im Endzustand und die Gesamtenergie des erzeugten Hadronensystems gemessen werden, Ereignisse mit zwei Müonen im Endzustand

$$v + N \to \mu^- \mu^+ + X \tag{45}$$

Die Deutung dieser Ereignisse ist möglich, wenn in diesen Ereignissen ein neues Teilchen Y mit einer neuen Quantenzahl (da das Teilchen Y über die schwache Wechselwirkung zerfällt) und der Masse $M_y \approx 2$ GeV erzeugt wird. Es ist bisher nicht bekannt, ob es sich dabei um ein oder mehrere neue Teilchen handelt und ob es sich bei der neuen Quantenzahl um Charm im Sinne des GIM-Modells handelt.

Im Dezember 1975 wurden Blasenkammer-Aufnahmen entsprechender Ereignisse bekannt [21]. In diesem Experiment wurden die Filme nach Ereignissen

$$v + N \to \mu^- + e^+ + \dots \tag{46}$$

mit einem Müon und einem Positron im Endzustand abgesucht. Es ist bemerkenswert, daß in allen gefundenen Ereignissen ein oder mehrere K-Mesonen identifiziert werden konnten, siehe Abb. 12. Es ist naheliegend, diese Daten als Evidenz für Charm-Erzeugung anzusehen. Gesicherte Schlußfolgerungen sind jedoch auch hier noch nicht möglich.

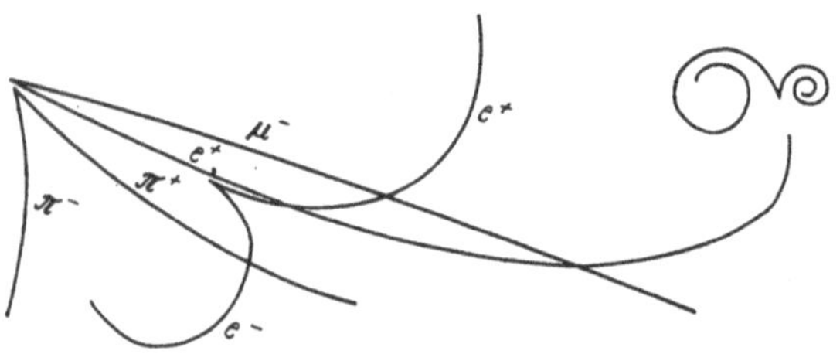

Abb. 12. Darstellung der Blasenkammeraufnahme $vN \to \mu^- + e^+ + K^0 + \dots$ [21].

7. *Quark-Gluon-Eichfeldtheorien der starken Wechselwirkung*

Wir haben gesehen, daß mit der Entdeckung der neuen Teilchen ein neues Gebiet für den Test und die Weiterentwicklung der theoretischen Vorstellungen der Hochenergiephysik entstanden ist. In diesem letzten Abschnitt soll beschrieben werden, in welcher Richtung man zur Zeit glaubt, eine Theorie, die sowohl die elektromagnetische und schwache als auch die starke Wechselwirkung umfaßt, entwickeln zu können.

Es wird davon ausgegangen, daß die zu findende Theorie eine lokale renormierbare Quanten-Eichfeldtheorie sein wird.

Als fundamentale Teilchen treten in dieser Theorie Fermionen mit dem Spin 1/2 auf, die Kräfte werden durch Vektorbosonen von Eichfeldern übertragen.

Dabei handelt es sich um das Photon mit der Masse $M = 0$, ein beobachtbares Teilchen. Die schwache Wechselwirkung wird durch schwere geladene und ungeladene Vektorbosonen übertragen $W^{\pm}$ und Z^0 mit vorhergesagten Massen von 50—100 GeV. Diese Vektorbosonen sind beobachtbar, ihre Entdeckung an zukünftigen Beschleunigern mit genügend hoher Energie wird entscheidend für die Bestätigung dieser Theorie (zumindest bezüglich der schwachen Wechselwirkung) sein.

Die übliche starke Wechselwirkung, die Kernkräfte treten in dieser Theorie nur als Sekundäreffekt der Eichfelder auf, ähnlich wie die VAN DER WAALS-Kraft als Sekundäreffekt der elektromagnetischen Wechselwirkung erklärbar ist.

Fundamental in der asymptotisch freien Farb-SU(3)-Eichfeldtheorie (Quantum Chromodynamics) sind die Kräfte, die von 8 neutralen masselosen nichtbeobachtbaren Gluonen übertragen werden. Diese Wechselwirkung ist asymptotisch frei, d.h. bei kleinen Abständen, großen Impulsen verschwindet die Kopplung, während bei kleinen Energien, großen Abständen die Kopplung stärker wird und wahrscheinlich dadurch die Bindung permanent wird, d.h. Quarks und Gluonen mit Farbquantenzahlen lassen sich nicht frei erzeugen.

Die fundamentalen Fermionen sind Farbsinguletts oder Leptonen und Farbtripletts oder Quarks, die Zahl der unterschiedlichen Quarks bzw. Leptonen wird nicht vorhergesagt.

Beobachtbare Teilchen sind immer Farbsinguletts, Baryonen = qqq-Zustände und Mesonen = $q\bar{q}$-Zustände.

Die uns umgebende stabile Materie besteht aus u- und d-Quarks, seit der Entdeckung der Strangeness ist der s-Quark bekannt; wir haben oben gesehen, daß es gute Argumente für mindestens einen vierten, den c-Quark gibt.

Literatur

[1] *J. J. Aubert* u.a., Phys. Rev. Lett. **33**, 1404 (1974).

[2] *J. E. Augustin* u.a., Phys. Rev. Lett. **33**, 1406 (1974).

[3] Alle bis zum Sommer 1975 bekannten Teilchen werden in mehreren Zusammenfassungen in den Proceedings of the 1975 International Symposium on Lepton and Photon Interactions at high Energies, SCAC, Stanford, 1975 beschrieben. Weitere Zusammenfassungen der experimentellen und theoretischen Problematik, siehe die Literaturangaben [4]—[14].

[4] *M. K. Gaillard, B. W. Lee, J. L. Rosner*, Rev. Mod. Phys. **47**, 227 (1975).

[5] *M. B. Einhorn*, Fermilab—Lecture — 75/1 — Thy/Exp (1975).

[6] *J. Ellis*, preprint CERN-TH-1996 (1975) und XIV Internationale Universitätswochen für Kernphysik, Schladming (1975).

[7] *H. Harari*, preprint Weizman Institut, WIS-75/40 (1975).

[8] *B. W. Lee*, preprint Fermilab — Conf. — 76/20 — Thy/Exp (1976).

[9] *S. L. Glashow*, preprint, Harvard University 1976 und Conf. on Production of Particles with new Quantum Numbers, Madison 1976.

[10] *A. De Rujula*, preprint Harvard University 1975 und Int. Summer Institute on Current Induced Reactions, Desy Hamburg 1975.
[11] *T. Appelquist*, preprint Yale University 1976 und 2. Int. Conf. on New Results in High Energy Physics, Nashville 1976.
[12] *T. F. Walsh*, preprint DESY 76/13 (1976).
[13] Mehrere Zusammenfassungen in Proc. of Summer Institute on Particle Physics 1975, Stanford Bericht SLAC 191 (1975).
[14] *S. C. C. Ting*, Vortrag, Int. Conf. on High Energy Physics, Palermo 1975.
[15] *V. Lüth* u.a., Phys. Rev. Lett. **35**, 1124 (1975).
[16] *J. Siegrist* u.a., Phys. Rev. Lett. **36**, 700 (1976).
[17] *W. Braunschweig* u.a., Phys. Lett. **57** B, 407 (1975), Phys. Rev. Lett. **35**, 1323 (1975).
[18] *G. J. Feldman* u.a., Phys. Rev. Lett. **35**, 821 (1975).
W. Tanenbaum u.a., Phys. Rev. Lett. **35**, 1323 (1975).
[19] *M. L. Perl* u.a., Phys. Rev. Lett. **35**, 1489 (1975).
[20] *A. Benvenuti* u.a., Phys. Rev. Lett. **34**, 419 (1975), Phys. Rev. Lett. **35**, 1199, 1203, 1249 (1975).
[21] *J. von Krogh* u.a., Phys. Rev. Lett. **36**, 710 (1975).
[22] *D. C. Hom* u.a., Phys. Rev. Lett. **36**, 1236 (1976). *D. Eartly*, Phys. Rev. Lett. **36**, 1355 (1976).
[23] *J. J. J. Kokkedee*, The Quark Model, Benjamin, New York, 1969.
[24] *R. P. Feynman*, Photon-Hadron Interactions, Benjamin, Reading Mass 1972.
[25] *H. J. Lipkin*, Physics Reports 8C, 173 (1973).
[26] *M. Gell-Mann*, Phys. Lett. 8, 214 (1964).
[27] *G. Zweig*, preprint CERN-TH-412 (1964) unveröffentlicht.
[28] *A. Chodos, R. Jaffe, K. Johnson, C. Thorn, V. Weißkopf*, Phys. Rev. D 9, 3471, (1974).
[29] *W. A. Bardeen, M. S. Chanowitz, S. D. Drell, M. Weinstein, T. M. Yan*, Phys. Rev. D 11, 1094 (1975).
[30] *S. Weinberg*, Phys. Rev. Lett. **19**, 1264 (1967). *A. Salam*, Proc. 8th Nobel Symposium, Stockholm 1968.
[31] *E. S. Abers, B. W. Lee*, Phys. Reports, 9 C, 1, (1973).
[32] *S. L. Glashow, H. Illiopoulos, L. Maiani*, Phys. Rev. D 2, 1285 (1970).
[33] *H. D. Politzer*, Phys. Reports 14 C, 129 (1974).
[34] *T. Appelquist* u.a. Phys. Rev. Lett. **34**, (1975).
[35] *E. Eichten* u.a., Phys. Rev. Lett. **34**, 369 (1975).
[36] *A. M. Boyarski* u.a., Phys. Rev. Lett. **35**, 195, 1975.

Hans-Jürgen Treder

Zur physikalischen Bedeutung einer Quantlung der Gravitation

I. Ist das Gravitationsfeld zu quantisieren?

Mathematische Form und physikalische Bedeutung einer Quantentheorie des Gravitationsfeldes sind ein interessantes Problem sowohl für die Quantentheorie als auch für die Allgemeine Relativitätstheorie. Die mathematisch-formale Seite der Quantlung des durch die EINSTEINschen Gleichungen (oder irgendwelcher eventueller Modifikationen dieser Gleichungen) beschriebenen Gravitationsfeldes g_{ik} bereitet gerade diejenigen technischen Schwierigkeiten, die man von einer quasi-linearen Tensorfeld-Theorie mit einer großen Zahl von „constraints“ erwartet. Diese mathematischen Probleme sind durch DIRAC (1959/69) u.a. (vgl. BERGMANN 1962, DE WITT 1962, WHEELER 1962) grundsätzlich gelöst. Als problematisch erscheint dagegen nach wie vor die physikalische Bedeutung einer quantisierten Gravitationstheorie.

Dies ist die Folge der Universalität der gravitativen Wechselwirkung, die in der Allgemeinen Relativitätstheorie durch EINSTEINS Äquivalenzprinzip erfaßt wird. Als notwendige Konsequenz dieses Prinzips sind weder die gravitativen Feldstärken Γ^i_{kl} noch die kanonischen Feldimpulse Tensoren, so daß die kanonischen Vertauschungsrelationen, wie sie bei DIRAC angegeben sind, genau so wenig kovariant sind wie die aus diesen folgenden Vertauschungsrelationen zwischen den verschiedenen Komponenten der Feldstärke Γ^i_{kl}. Diese Vertauschungsrelationen haben daher zunächst keine einsichtige physikalische Bedeutung (s. u. II.). Desgleichen besitzt der EINSTEINsche Energie-Impuls-Komplex $\mathfrak{t}^i_k$ für das Gravitationsfeld keinen Tensor-Charakter; die Energie $\mathfrak{t}^0_0$ des Gravitationsfeldes ist daher nicht lokalisierbar, so daß die Vorstellung von „Gravitonen“ (etwa im Sinne von PAULI oder DIRAC) physikalisch schwer verständlich ist (s. u. IV.). Diese aus dem allgemeinen Äquivalenz- und Relativitätsprinzip EINSTEINS notwendig folgenden Schwierigkeiten bei der physikalischen Interpretation des mathematischen Formalismus einer Quantenfeldtheorie der Gravitation haben auch zu der Ansicht geführt, daß das Gravitationsfeld grundsätzlich ein makroskopisches Feld und nicht quantisierbar sei. Die g_{ik} wären dann notwendig c-Zahlen (vgl. hierzu ROSENFELD 1957, 63).

Gegen diese Patentlösung spricht aber ein wesentliches Argument von

DIRAC: Die EINSTEINschen Gravitationsgleichungen

$$R_{ik} - {}^1/_2 g_{ik} R = -\frac{8\pi f}{c^4} T_{ik} \quad (f = \text{Gravitationskonstante}) \tag{1}$$

lassen sich genau dann klassisch lesen, wenn sowohl die Materiefelder auf der rechten Seite als auch das Gravitationsfeld auf der linken Seite c-Zahlen sind. In der Quantenfeldtheorie wird der Materietensor auf der rechten Seite von (1) aber ein Operator, eine q-Zahl. Dann muß (1) als Operatorgleichung gelesen werden, bei der auch auf der linken Seite q-Zahlen stehen.

Den klassischen Gleichungen entsprechen dann Gleichungen zwischen den Erwartungswerten des EINSTEIN-Tensors

$$G_{ik} = R_{ik} - \frac{1}{2} g_{ik} R$$

und des Materietensors T_{ik}:

$$\langle G_{ik} \rangle = -\frac{8\pi f}{c^4} \langle T_{ik} \rangle. \tag{2}$$

Wäre die Gravitation ein genuines c-Zahl-Feld, so könnten nicht mehr die EINSTEINschen Gleichungen (1), sondern nur die Erwartungswert-Gleichungen (2) benutzt werden. Diese wesentlich schwächeren Bedingungen würden sich mit einer c-Zahl als EINSTEIN-Tensor (bei Substitution aller auf der rechten Seite implicite eingehenden g_{ik} durch c-Zahlen) dann schreiben

$$\int \varphi G_{ik} \varphi^* dx = -\frac{8\pi f}{c^4} \langle T_{ik} \rangle, \tag{3}$$

und eine ausschließliche Beschränkung auf (3) erscheint physikalisch als unbefriedigend, weil sie zu wenig Informationen zu liefern scheint.

Diese Schwierigkeiten der Interpretation einer Quantentheorie des Gravitationsfeldes sind die notwendige Konsequenz des Äquivalenzprinzips und damit eine Folge der Universalität der Gravitation, aus der EINSTEIN den geometrischen Charakter der g hergeleitet hat. Erfreulicherweise haben nun aber EINSTEINS Äquivalenzprinzipien weitere inhaltliche Konsequenzen für die Beziehungen zwischen Quanten- und Gravitationstheorie. Diese Konsequenzen ergeben in letzter Instanz physikalische Einschränkungen für die Meßbarkeit von Quanteneffekten der Gravitation, so daß die Hoffnung besteht, daß diese Messungs-Probleme die interpretatorischen Schwierigkeiten kompensieren können.

Aus einer Quantenfeldtheorie mit kanonischen Vertauschungsrelationen folgen entsprechend den Theorien von HEISENBERG (1927/30), BOHR (1928) und BOHR und ROSENFELD (1933) sofort Unschärfe-Relationen vom HEISENBERGschen Typ. Diese Unschärfe-Relationen ergeben sich nach der allgemeinen Diskussion bei HEISENBERG und BOHR-ROSENFELD einfach auch als Folge der quantenmechanischen HEISENBERGschen Unschärfe-Relationen für die Meßkörper (Probekörper) und deren Einfluß auf die Feldgrößen nach Maßgabe der klassischen Feldtheorie. Das heißt, die aus den kanonischen Vertauschungs-Relationen folgenden Meßunschärfen sind gerade diejenigen Unschärfen, die die Kompatibilität einer Quantenfeldtheorie mit der Quantenmechanik der Meßkörper sichern. Umgekehrt heißt dies, daß auch in einer klassischen Feldtheorie mit Meßkörpern, die den Gesetzen der Quantenmechanik genügen, für deren kanonische Variablen also HEISENBERGS Unschärfe-Relationen gelten, die Feldgrößen nicht genauer bestimmbar sind, als dies die Quantenfeldtheorie erlaubt.

BOHR und ROSENFELD haben darüber hinaus gezeigt, daß es in den speziell-relativistischen Quantenfeldtheorien auch keine weiteren Meßschranken gibt als diejenigen, die bereits die Quantenmechanik auf Grund der HEISENBERGschen Unschärfe-Relationen liefert.

Zwar ergeben sich über die kanonischen Unschärfen hinaus aus den Quantenfeldtheorien auch Bedingungen für die Unschärfen $\Delta\Phi$ bzw. ΔF der Potentiale Φ bzw. der Feldstärken $F \sim \frac{\partial}{\partial x}\Phi$ selbst. In diese Bedingungen gehen aber die physikalischen Eigenschaften der Meßkörper ein, über die gemäß der Diskussion bei BOHR und ROSENFELD der Experimentalphysiker frei verfügen kann:

Ist z.B. Q die Ladung des Probekörpers und M seine Masse, so erhält man als Relation zwischen den Unschärfen $\Delta\Phi$ und ΔF der Feldmessungen und den Unschärfen ΔL einer Längenmessung (also als Bedingung für eine gleichzeitige Ausführbarkeit von Positions- und Feldmessungen)

$$\Delta F(\Delta L)^3 \geq \frac{h}{c}\frac{Q}{M} \tag{4}$$

bzw.

$$\Delta\Phi(\Delta L)^2 \geq \frac{h}{c}\frac{Q}{M}. \tag{5}$$

Da aber die spezifische Ladung Q/M des Probekörpers willkürlich gewählt werden kann, kann immer

$$\Delta F(\Delta L)^3 \sim \Delta\Phi(\Delta L)^2 \to 0 \tag{6}$$

erreicht werden, so daß die Unschärfen (4) oder (5) der Feldgrößen bei scharfen Ortsbestimmungen beliebig klein gemacht werden können. Es gibt in der speziell-relativistischen Quantenfeldtheorie also keine prinzipielle Schranke für die Lokalisierbarkeit der Felder.

Bei den allgemein-relativistischen Gravitationsgleichungen EINSTEINS sind die von DIRAC u.a. (s. BERGMANN 1962, DE WITT 1962, DIRAC 1959/69, TONNELAT 1965) angegebenen Vertauschungsrelationen für die gravitativen Feldgrößen kanonische Vertauschungsrelationen im Sinne von HEISENBERG und PAULI sowie BOHR und ROSENFELD (vgl. HEISENBERG 1930, WENTZEL 1949). Die entsprechenden Unschärfe-Relationen zwischen den Feldgrößen sind genau so wie in der speziell-relativistischen Quantenfeldtheorie kompatibel mit HEISENBERGS Unschärfe-Relationen für einen Probekörper und folgen aus ihnen bei Verwendung der Allgemeinen Relativitätstheorie als klassischer Feldtheorie für die Wechselwirkung von Probekörper und Gravitationsfeld (vgl. BOHR 1949/ROSENFELD 1957).

Jedoch ist ein entscheidender Punkt der BOHR-ROSENFELDschen Gedankenexperimente auf das Gravitationsfeld nicht übertragbar: Das Verhältnis der Ladung Q und der Masse M eines klassischen Probekörpers ist in der Gravitationstheorie wegen der GALILEI-EÖTVÖS-EINSTEINschen Äquivalenz von träger und schwerer Masse, d.h. wegen

$$Q = fM, \tag{7}$$

nicht willkürlich wählbar, sondern eine universelle Konstante. Diese Universalität der „spezifischen Gravitationsladung" $Q/M = f$ führt gemäß ROSENFELD (1957, 1963/65) dazu, daß in der Gravitationstheorie auch Schranken für die lokale Meßbarkeit *einer* Feldgröße allein bestehen, z.B. für das Gravitationspotential g_{ik} oder die Feldstärke Γ^i_{kl}.

Wir zeigen zunächst, daß auch diese Unschärfen der Feldgrößen bereits aus HEISENBERGS Unschärfe-Relation und EINSTEINS Allgemeiner Relativitätstheorie als klassischer Feldtheorie für die Wechselwirkung von schweren Probekörpern mit dem Gravitationsfeld folgen.

Die Feldunschärfen sichern damit auch die Kompatibilität einer Quantlung des Gravitationsfeldes mit der Quantenmechanik schwerer Probekörper. Sie sind aber keine Aussagen, aus denen die Notwendigkeit einer Quantisierung des Gravitationsfeldes folgt. Die Quantisierung des Gravitationsfeldes ist, wie ROSENFELD (1957/65) betont hat, eine rein empirisch zu entscheidende Frage.

Deutet man die Unschärfen für die Messung einer Feldgröße des Gravitationsfeldes als Ergebnis der kanonischen Vertauschungsrelationen für das Gravitationsfeld entsprechend DIRAC, so besagen diese Unschärfe-Relationen eine Quantlung der Weltgeometrie (WHEELER 1962), nämlich eine quantengeometrodynamische „Schaum-Struktur" der Raum-Zeit in piko-physikalischen Bereichen, d.i. in Dimensionen von der Größenordnung der PLANCKschen Elementarlänge

$$l^* = \sqrt{\frac{hf}{c^3}} \approx 10^{-33}\ \mathrm{cm}$$

(PLANCK 1899/1906, WHEELER 1962, TREDER 1963). — Nach der klassischen Allgemeinen Relativitätstheorie sind diese Unschärfe-Relationen für eine Feldgröße g dagegen einfach Meßschranken, welche sinnvolle Messungen für Dimensionen unterhalb der PLANCKschen Elementarlänge l^* ausschließen. Diese Meßschranken verhindern eine empirische Erforschung der quantengeometrodynamischen Piko-Struktur der Welt (vgl. TREDER 1974).

II. Zur Lokalisierbarkeit des Gravitationsfeldes

Gemäß den Gedankenexperimenten von BOHR und ROSENFELD (1933) über den Einfluß der HEISENBERGschen Unschärfe der dynamischen Variablen (Ort und Impuls) eines Probekörpers auf die Meßbarkeit von Feldgrößen mit Hilfe dieses Probekörpers gilt für die Ungenauigkeit $\Delta\Phi$ der Messung des lokalen Wertes Φ eines Potentials (vgl. ROSENFELD 1965)

$$\Delta\Phi \geq \frac{h}{(\Delta L)^2 \Delta x T \varrho}. \tag{1}$$

Hierbei ist ΔL die Abmessung des Probekörpers, Δx die Unschärfe seiner Position (der Lage seines Schwerpunktes); $\varrho \approx Q(\Delta L)^{-3}$ ist die mittlere Dichte der (homogenen) Probeladung Q.

Bei einer sinnvollen Messung muß gelten (BOHR, ROSENFELD 1933/65):

$$\Delta L \geq \Delta x, \Delta L \geq cT, \quad (c = \text{Lichtgeschwindigkeit}) \tag{2}$$

Aus (1) und (2) folgt die Abschätzung

$$\Delta\Phi \geq \frac{hc}{Q\Delta L}. \tag{3}$$

Aus der klassischen Feldtheorie ergibt sich noch für die Gesamtmasse M des Probekörpers als eine Bedingung für die Selbstkonsistenz eines makroskopischen Körpers

$$E = Mc^2 \geq Q^2(\Delta L)^{-1}. \tag{4}$$

(3) und (4) ergeben zusammen die neue Abschätzung

$$\Delta\Phi(\Delta L)^2 \geq \frac{Q}{M}\frac{h}{c}. \tag{5}$$

In der Elektrodynamik ist Q/M beliebig klein wählbar. Daher kann mit geeigneten Probekörpern eine elektromagnetische Feldgröße F für sich allein beliebig scharf gemessen werden. In der Gravitationstheorie gilt hingegen das EINSTEINsche Äquivalenzprinzip, nämlich die GALILEI-EÖTVÖSsche Proportionalität der Gravitationsladung Q und der trägen Masse M bzw. der Energie E:

$$Q = fM = \frac{f}{c^2}E. \tag{6}$$

Damit ergibt sich in der Gravitationstheorie eine Unschärfe-Relation für die gleichzeitige Messung von Ort und Feld:

$$\Delta\Phi(\Delta L)^2 \geq \frac{hf}{c}. \tag{7}$$

Das Äquivalenzprinzip besagt nach EINSTEINs Allgemeiner Relativitätstheorie die geometrische Natur des Gravitationspotentials; der metrische Tensor g ist durch das Potential Φ bestimmt:

$$g \approx 1 + 2\Phi/c^2. \tag{8}$$

(7) besagt somit (vgl. DE WITT 1962, TREDER 1963):

$$\Delta g(\Delta L)^2 \geq 2hfc^{-3} = 2l^{*2}, \tag{9}$$

wo l^* PLANCKS Elementarlänge ist (PLANCK 1899/1906). Für die „Feldstärke“, nämlich für die CHRISTOFFEL-Symbole Γ^i_{kl}, folgt damit

$$\Delta\Gamma(\Delta L)^3 \geq hfc^{-3}. \tag{9a}$$

Durch diese Unschärfe-Relationen zwischen der Messung der Feldgrößen und der Bestimmung des Ortes dieser Messung erscheint die aus dem fehlenden Tensor-Charakter des allgemein-relativistischen Gravitationsfeldes Γ^i_{kl} (und seines EINSTEINschen Energie-Impuls-Komplexes $\mathfrak{t}^i_k$) folgende Nicht-Lokalisierbarkeit des Gravitationsfeldes als weniger problematisch für eine Quantlung der Gravitation. Denn (9) und (9a) drücken ja aus, daß es Schranken für die Bestimmung des lokalen Gravitationsfeldes gibt, die auch die Definierbarkeit des lokalen Gravitationsfeldes meßtechnisch einschränken. Dabei sind diese Meßschranken das Ergebnis derselben Äquivalenz von Trägheit und Schwere, welche nach der Allgemeinen Relativitätstheorie die Nichtlokalisierbarkeit des Gravitationsfeldes Γ^i_{kl} und seiner Energiedichte $\mathfrak{t}^0_0$ zur mathematischen Konsequenz hat.

Im Sinne der Gedanken-Experimente von BOHR und ROSENFELD (vgl. auch BOHR 1949 und ROSENFELD 1965) ist die Unschärfe $\Delta\Phi$ des (mittleren) Gravitationspotentials Φ größer oder gleich der Unschärfe des Gravitationspotentials des Probekörpers. Diese Unschärfe ist nach EINSTEINS Äquivalenzprinzip

1. proportional der Unbestimmtheit $\Delta M = \Delta E c^{-2}$ der relativen Masse $M = Ec^{-2}$ dieses Körpers. Sie nimmt
2. desto größere Werte an, je kleiner die lineare Ausdehnung ΔL des Körpers ist: $\Delta\Phi \sim fM(\Delta L)^{-1}$.

Soll nun das (mittlere) Gravitationspotential Φ innerhalb eines Volumen-Elements V bestimmt werden, so muß $(\Delta L)^3 \leq V$ sein. HEISENBERGS quantenmechanische Unschärfe-Relation für Ort x und Impuls p des Probekörpers ergibt

$$\Delta p \Delta L \geq \Delta p \Delta x \geq h, \tag{10a}$$

oder — für ultra-relativistische Teilchen —

$$\Delta E \Delta L \geq hc. \tag{10}$$

Dies führt auf eine Unschärfe für die Masse des Probekörpers (s. BOHR 1949):

$$\frac{\Delta E}{c^2} \geq \frac{h}{c\Delta L}. \tag{11}$$

(Diese ultra-relativistische Rechnung ergibt die optimale Messung; im nichtrelativistischen Falle wäre die folgende Unschärfe-Beziehung (12) auf der rechten Seite mit c/v $(v < c)$ zu multiplizieren! — In der Tat muß das Probeteilchen mit einem LORENTZ-Faktor $E/E_0 \gg 1$ kontrahiert werden, damit seine Materiewellenlänge hc/E genügend klein wird).

Daher ist in einem Meß-Volumen $\sim (\Delta L)^3$ die Unschärfe des Gravitationspotentials der Abschätzung

$$\Delta\Phi \geq \frac{f}{c^2}\frac{\Delta E}{\Delta L} \geq \frac{hf}{c(\Delta L)^2} \tag{12}$$

unterworfen, so daß in der Tat (7) bzw. (9) gelten.

Bei einer sinnvollen Messung muß ferner die zu messende Größe G größer als der Meßfehler ΔG sein:

$$G \geq \Delta G.$$

Die Schwankung ΔL der Messung einer Länge L enthält einen Anteil, der von der Unschärfe Δg der Metrik g herrührt. Damit bewirkt nach EINSTEINS Allgemeiner Relativitätstheorie eine Unbestimmtheit des Gravitationspotentials unmittelbar eine Unschärfe $\sim \sqrt{\Delta g L^2}$ der Ortsmessung. Die Gesamtschwankung $(\Delta L)^2$ einer Längenmessung ist sicher größer oder gleich der durch die Schwankung Δg der Metrik allein bewirkten Unschärfe. Wir bekommen so schließlich die Abschätzung

$$L^2 \geq (\Delta L)^2 \geq \Delta g L^2 \geq \Delta g(\Delta L)^2, \tag{13}$$

wo $\Delta g L^2$ die Unschärfe ist, die von Δg allein herrührt:

$$\Delta g L^2 \sim g^{-2} \Delta g L^2. \tag{14}$$

Aus (13) folgt sofort

$$\Delta g \leq 1. \tag{15}$$

(15) und (9) besagen zusammen

$$(\Delta L)^2 \geq \frac{2hf}{c^3} \approx 2l^{*2}, \tag{16}$$

was ausdrückt, daß die kleinste sinnvoll meßbare Länge PLANCKS Elementarlänge

$$l^* = \sqrt{\frac{hf}{c^3}} = \sqrt{\frac{fE}{c^4} \cdot \frac{hc}{E}} \tag{17}$$

ist. Diese Länge geht gegen Null, wenn $f \to 0$ oder $h \to 0$ angenommen wird oder wenn $c \to \infty$ gesetzt wird. (16) ist also das gemeinsame Ergebnis von Quantentheorie sowie von spezieller und allgemeiner Relativitätstheorie.

(15) läßt sich im Sinne der „Quantengeometrodynamik" geometrisch aus der Forderung begründen, daß die Quantenschwankungen des Gravitations-

feldes Δg die LORENTZsche Signatur der Raum-Zeit-Welt nicht zerstören dürfen. Dies impliziert das Postulat, daß

$$\Delta g_{00} \leq g_{00} \leq 1$$

sein muß (s. WHEELER 1962, 1968).

Zu PLANCKS Elementarlänge l^* bemerken wir noch, daß beim Gravitationsfeld auch dieErfüllbarkeit der „Selbstkonsistenz"-Bedingung (4) für die „makroskopische Stabilität" des Probekörpers gegenüber seinem eigenen Gravitationsfeld nicht unproblematisch ist. Denn für das Gravitationsfeld besagt (4):

$$Mc^2 \geq \frac{fM^2}{\Delta L} \rightarrow c^2 \geq \frac{fM}{\Delta L}. \tag{18}$$

Die Bedingung (18) ist unerfüllbar, wenn die Abmessungen des Probekörpers kleiner als PLANCKS Länge l^* werden:
Dann gilt mit $E = Mc^2$ und mit HEISENBERGS Unschärfe-Relation für ultrarelativistische Teilchen

$$M \geq \Delta M \geq \frac{h}{c\Delta L} \geq \frac{h}{cl^*} = \sqrt{\frac{hc}{f}}, \tag{19}$$

wo $\sqrt{\frac{hc}{f}} \approx 10^{-5}$ gramm PLANCKS (1899/1906) Masseneinheit ist. Mit (19) folgt aber statt (18):

$$\frac{fM}{c^2\Delta L} \geq \frac{f\Delta M}{c^2\Delta L} \geq 1. \tag{20}$$

Damit ist jedoch auch im Gegensatz zu (15)

$$\Delta g \geq 2\Delta\Phi/c^2 \geq \frac{2hf}{c^3(\Delta L)^2} \geq \frac{2hf}{c^3 l^{*2}} = 2, \tag{21}$$

und die Unbestimmtheit Δg der Metrik als Folge der Unbestimmtheit $\Delta\Phi$ der Gravitation des Probekörpers verhindert jede sinnvolle Messung (vgl. TREDER 1963, 1974).

III. Einstein-shift und Lamb-shift

Nach EINSTEINS allgemeinen Relativitäts- und Äquivalenzprinzipien ergibt sich aus dem speziell-relativistischen Wert G_η einer Observablen ihr allgemein-relativistischer Wert G durch das Anmultiplizieren entsprechender Concomitanten des metrischen Tensors g_{ik}. Ist H_η insbesondere der speziell-relativistische Energie-Operator, so beträgt der den Einfluß der Gravitation berücksichtigende allgemein-relativistische Operator

$$H = \sqrt{g_{00}}\, H\eta, \tag{1}$$

die Eigenwerte der Energie unterliegen einer EINSTEIN-shift. Eine Unschärfe

Δg der Metrik g ergibt somit eine gravisch begründete Unschärfe

$$\Delta H \approx \frac{1}{2} \Delta g H \tag{2}$$

der Energie-Werte; die ursprünglichen scharfen Spektren werden gemäß (2) „verschmiert". Die Linienverbreiterung beträgt

$$\frac{\Delta H}{H} \approx \frac{1}{2} \Delta g \approx \frac{\Delta \Phi}{c^2}. \tag{3}$$

Andererseits sind die Beiträge δH von Quanteneffekten des Gravitationsfeldes zum Energie-Spektrum (gemäß der Quantenfeldtheorie), z.B. für zwei Partikeln derselben relativistischen Massen $m = E/c^2$, durch natürliche Potenzen $n > 1$ der „SOMMERFELD-Zahlen"

$$\alpha = \frac{f E^2}{c^4 h c} \approx \left(\frac{E}{E_0}\right)^2 \frac{f m_0^2}{hc} \tag{4}$$

gegeben. Es gilt für die Gravitations-„LAMB-shift"

$$\delta H = (\alpha)^n H_\eta \approx (\alpha)^n H. \tag{5}$$

Die größten Effekte treten natürlich bei ultrarelativistischen Teilchen auf, da bei diesen Teilchen die Ruhenergien $m_0 c^2$ mit großen LORENTZ-Faktoren E/E_0 multipliziert sind. — Mit der COMPTON-Wellenlänge $L_0 = \frac{hc}{E_0}$ erhalten wir die DE BROGLIE-Wellenlängen

$$L \approx \frac{hc}{E} \approx \left(\frac{E_0}{E}\right) \frac{h}{m_0 c} \approx \frac{E_0}{E} L.$$

Damit gilt

$$\delta H \approx \left(\frac{E}{E_0}\right)^{2n} \left(\frac{f h}{c^3 L_0^2}\right)^n H \approx \left(\frac{f h}{c^3 L^2}\right)^n H \tag{6}$$

als Formel für die gravische LAMB-shift.

Wir bestimmen die relative Teilchen-Energie E etwa durch Messen der DE BROGLIE-Wellenlängen L der Partikeln. Damit E dann sinnvoll definiert ist, darf der Fehler ΔL in der Längenmessung nicht größer als L selbst sein, d.h. der Meßkörper muß bis auf eine Unschärfe $\Delta L \approx \Delta x$ positioniert sein, die der Ungleichung

$$\Delta L \approx \Delta x \leq L \approx \frac{hc}{E} \tag{7}$$

genügt. Dies führt mit (II.13) auf eine Abschätzung für die Störung der Metrik durch den Meßkörper:

$$\frac{f h}{c^3 L^2} \leq \frac{f h}{c^3 (\Delta x)^2} \leq \frac{1}{2} \Delta g, \tag{8}$$

wobei gemäß (II.15) gilt

$$(\Delta g)^n \leq (\Delta g) \leq 1.$$

Daher besagt (8), daß die Unschärfe Δg, die durch die Fluktuationen $\Delta \Phi$ des Gravitationspotentials des Meßkörpers verursacht wird (d.h. durch die Fluktuationen des Gravitationspotentials schlechthin), größer ist als die Quanteneffekte des Gravitationsfeldes von der Art der LAMB-shift:

$$\delta H \leq \Delta H \approx \frac{\Delta g}{2} H. \tag{9}$$

Will man auf anderem Wege die Massen m der Partikeln direkt aus den gravischen Störungen durch das Gravitationspotential Φ eines Probekörpers bestimmen, so muß dessen Position ebenfalls besser als hcE^{-1} bekannt sein:

$$\Delta x \leq L \approx \frac{hc}{E}. \tag{10}$$

Sind die Teilchen-Massen m aber meßtechnisch nicht sinnvoll definiert, so wird die Aussage über die „LAMB-shift" unkontrollierbar:

Die durch die unbestimmten Störpotentiale $\Delta \Phi$ der zur Messung der Teilchen-Energien benötigten Probekörper erzeugte Termverbreiterung $\approx \frac{\Delta H}{H}$ ist immer größer als die durch eine eventuelle Quantlung des Gravitationsfeldes bewirkte LAMB-shift-artige Termverschiebung $\frac{\delta H}{H} \geq \frac{\Delta H}{H}$.

Wir vermuten nun, daß eine analoge Überlagerung der Quanteneffekte des Gravitationsfeldes durch die Unschärfe Δg der Metrik, wie bei den Vakuum-Schwankungen und der LAMB-shift, allgemein besteht. Dann gibt es aber keinen empirisch nachprüfbaren Unterschied zwischen der klassischen und einer Quantenfeldtheorie der Gravitation (zumindest bei Außerachtlassung der freien Gravitonen). Im Gegensatz zu ROSENFELDS (1965) Forderung ist es dann überhaupt nicht möglich, empirisch zu entscheiden, ob es Quanteneffekte des Gravitationsfeldes gibt oder nicht!

Die physikalisch nachprüfbaren Inhalte der klassischen und der gequantelten Gravitationstheorie wären somit nicht verschieden, wenn die Allgemeine Relativitätstheorie auf gequantelte Materiefelder angewandt wird. Dann sind über das Gravitationspotential g_{ik} nicht mehr Informationen nötig als sie aus den gemittelten EINSTEINschen Gleichungen (I.3) bzw. aus den Gleichungen für die Erwartungswerte des EINSTEIN-Tensors (I.2) folgen. Es ist beliebig, die Metrik g_{ik} als c-Zahl oder als q-Zahl zu betrachten, wenn EINSTEINS Äquivalenz- und Relativitätsprinzipien zusammen mit HEISENBERGS quantenmechanischen Unschärfe-Relationen konsequent angewandt werden.

Nach den allgemeinen Erwartungen für „nicht-lokale Feldtheorien" (gemäß

HEISENBERG) ist dies plausibel. Die Prüfung unserer Erwartung verlangt aber neben der Untersuchung der gravodynamischen Effekte von der Art der LAMB-shift noch die Prüfung der Effekte, die mit der Gravitationsstrahlung und mit der Existenz von freien Gravitonen (im Sinne von DIRAC u.a.) verbunden sind (s. IV).

Nach HEISENBERG (1967/74) sollten nicht-lokale Feldtheorien, das sind solche Quantenfeldtheorien, in denen eine „kleinste Länge" (Elementarlänge l) definiert ist, mit lokalen Feldtheorien äquivalent sein, zu denen quantenphysikalisch ein Zustands-Raum (DIRAC-HILBERT-FOCK-Raum) mit indefiniter Metrik gehört. Negative Erwartungswerte sind aber unphysikalisch, so daß eine solche nicht-lokale Feldtheorie gemäß HEISENBERG eine mathematische Redundanz bezüglich ihres physikalischen Inhalts besitzt. — In der Allgemeinen Relativitätstheorie ergibt sich nun als gemeinsame Konsequenz von HEISENBERGS Unschärfe-Relation und EINSTEINS Äquivalenzprinzipien PLANCKS Elementarlänge l^* als HEISENBERGsche Meßschranke l für Längenmessungen. In diesem Sinne ist also die Allgemeine Relativitätstheorie eine nicht-lokale Feldtheorie, wobei sich diese Nichtlokalität quantentheoretisch durch die Vakuum-Schwankungen Δg_{ik} der Metrik g_{ik} manifestiert. Daher enthält eine Quantentheorie der Gravitation notwendig weniger Aussagen als die klassische Allgemeine Relativitätstheorie, und dieses Weniger an Physik bedeutet hier gerade die Nichtunterscheidbarkeit zwischen klassischen und gequantelten Gravitationsfeldern.

IV. Freie Gravitations-Quanten und spontane Gravitationsstrahlung

Die algebraischen Eigenschaften der freien Gravitonen, die DIRACS Quantisierung der exakten EINSTEINschen Gravitationsgleichung entsprechen, sind grundsätzlich dieselben, wie sie früher PAULI und DE BROGLIE für die linearisierten EINSTEINschen Gleichungen hergeleitet haben (vgl. WENTZEL 1949, TONNELAT 1965); sie sind aus EINSTEINS Theorie (1918) der linearisierten Gravitationswellen direkt ablesbar. Die Gravitonen von PAULI und DIRAC sind ruhmasselose Partikeln vom Spin 2, die vollständig transversal polarisiert sind, bei denen also nur die maximalen Spin-Einstellungen $+2$ und -2 realisiert sind (PAULI 1958, TREDER 1963).

Die spontane Emission von Strahlung erfolgt gemäß der Quantenfeldtheorie nach anderen Gesetzen als in der klassischen Strahlungstheorie. Bei ruhmasselosen Feldquanten stellt sich in einem abgeschlossenen Hohlraum ein Strahlungsgleichgewicht ein, das wegen der gleichen Anzahl erregter Moden sowohl in der Quantenelektrodynamik als auch in der linearisierten Quantengravodynamik durch PLANCKS Strahlungsgesetz bestimmt wird. Nach der klassischen Strahlungstheorie würde die Hohlraumstrahlung hingegen gemäß der Abzählung der Oszillatoren $\sim\nu^2 \sim 1/\lambda^2$ divergieren; sowohl für die elektromagnetische als auch für die Gravitationsstrahlung würde hier das RAYLEIGH-JEANSsche Gesetz mit seiner „Ultraviolett-Katastrophe" gelten (s. PLANCK 1906/23).

JEANS (1911) hatte vorgeschlagen, die tatsächliche Energie-Frequenz-Verteilung $U(\nu)$ bei der elektromagnetischen Hohlraumstrahlung, die ja empirisch durch PLANCKs Gesetz beschrieben wird, im Sinne der klassischen Strahlungstheorie (mit HERTZschen statt mit PLANCKschen Oszillatoren) als einen quasi-stationären Zustand zu verstehen, bei „welchem die Erzeugung hochfrequenter Strahlung noch nicht bemerkt wurde, weil man es bei den gegebenen Versuchs-Bedingungen nicht mit einem wirklichen Gleichgewicht zu tun habe" (BOHR 1966). Nach JEANS wäre also zwischen der klassischen und der Quantentheorie der Hohlraumstrahlung deswegen nicht empirisch zu unterscheiden, weil sich überhaupt kein Strahlungsgleichgewicht herausbildet, die Strahlung vielmehr quasi-stationär das eingestrahlte Energie-Spektrum $U_0(\nu)$ beibehält.

Die Einstellung eines Gleichgewichtes erfolgt durch die Vermittlung eines „Staubteilchens" als Katalysator (PLANCK 1906/23). PLANCK, POINCARÉ, EINSTEIN und BOHR haben gezeigt, daß JEANS' Argumentation (die bekanntlich RAYLEIGH unterstützte) unrichtig ist: Die Gesetze der klassischen Strahlungstheorie sind in der Elektrodynamik nicht aufrecht zu erhalten, weil vermittels dieses „Staubteilchens" sich in einem Hohlraum tatsächlich sehr schnell eine elektromagnetische Gleichgewichts-Strahlung einstellt.

In der Gravitationsdynamik ist der Wirkungs-Querschnitt σ für die Streuung von Gravitationsstrahlung an Partikeln aber sehr viel kleiner als der elektrodynamische Wirkungs-Querschnitt $\sigma_0 = \left(\frac{e}{m_0 c^2}\right)^2$ von Licht an Elektronen. Der gravische Wirkungs-Querschnitt σ eines Teilchens der Masse m beträgt

$$\sigma \approx \left(\frac{fE}{c^4}\right)^2 \approx a^2 \approx \left(\frac{E}{E_0}\right)^2 \left(\frac{fm_0}{c^2}\right)^2, \tag{1}$$

d.h. er ist proportional dem Quadrat seines Gravitationsradius

$$a = \frac{fE}{c^4} = \frac{fm}{c^2} = \left(\frac{E}{E_0}\right) \frac{fm_0}{c^2}. \tag{1a}$$

Damit das streuende Teilchen nicht durch sein Gravitationspotential $\Phi \sim \frac{fm}{r}$ die meßbare Raum-Zeit-Struktur zerstört, weil es $g_{00} < 0$ macht, muß immer $r > a$ sein: Der Gravitationsradius a muß kleiner als die den Partikel-Radius eines ultrarelativistischen Teilchens definierende Materie-Wellenlänge L des Streu-Partikels sein (d.h. a muß innerhalb der Unschärfe des Teilchen-Ortes liegen):

$$a \approx \frac{fE}{c^4} \leq L \approx \frac{hc}{E}, \; a^2 \leq aL \leq L^2. \tag{2}$$

Dies gibt (s. TREDER 1974):

$$a^2 \leq \frac{hf}{c^3} = l^{*2}. \tag{3}$$

Der Wirkungs-Querschnitt σ für die Streuung von Gravitationsstrahlung an einem Teilchen ist also immer

$$\sigma \approx a^2 \leq \frac{hf}{c^3} \approx 10^{-36} \left(\frac{e^2}{E_0}\right)^2 \approx 10^{-40} \sigma_0. \tag{4}$$

Hierbei ist

$$\frac{hc}{E_0} \approx \frac{e^2}{E_0} 10^2 \tag{4a}$$

die COMPTON-Wellenlänge des Hadrons und

$$\sigma_0 \approx \left(\frac{e}{E_0}\right)^2 \left(\frac{hc}{e^2}\right)^2 \tag{4b}$$

ist sein elektrodynamischer Wirkungs-Querschnitt. Der gravische Wirkungs-Querschnitt σ ist also um mindestens 10^{-40} mal kleiner als der elektrodynamische Querschnitt σ_0, und es dauert (in einem gegebenen Hohlraum) daher mindestens 10^{40} mal so lange, daß sich durch Streuung am „Staubteilchen" eine Gleichgewichtsverteilung der Gravitationsstrahlung einstellt, als die Einstellungszeit für das elektromagnetische Strahlungsgleichgewicht beträgt.

Das heißt, „Gravitationsstrahlung im Hohlraum" ist tatsächlich niemals im Strahlungsgleichgewicht und es gelten für sie die Überlegungen von JEANS: Die Gravitationsstrahlung in einem Hohlraum befindet sich in einem quasistationären Zustand; sowohl nach der klassischen als auch nach der Quantentheorie der Gravitationsstrahlung verbleibt diese in der anfänglich eingestrahlten Spektralverteilung $U_0(\nu)$ und wird nicht „schwarz". Daher ergibt sich für die Gravitationsstrahlung kein meßbarer Unterschied von klassischem und quantenhaftem Verhalten. — Hat der Hohlraum z.B. die mikrophysikalischen Abmessungen

$$V \approx L_0^3 \approx \left(\frac{hc}{E_0}\right)^3 \approx 10^6 \left(\frac{e^2}{E_0}\right)^3, \tag{5a}$$

so wird zur Einstellung des Strahlungsgleichgewichts, zur „Schwärzung" der Gravitationsstrahlung durch Streuung am „Staubteilchen", ein Zeitraum von

$$T \geq 10^{40} \frac{h}{E_0} \approx 10^{42} \frac{e^2}{m_0 c^3} \tag{5b}$$

benötigt, d.h. mindestens das „Weltalter" (der reziproke Wert der HUBBLE-Konstanten der Kosmologie), so daß die Expansion des Kosmos auch in mikroskopischen Bereichen die Einstellung eines Gleichgewichtszustandes für die Gravitationsstrahlung verhindert.

Diese Quasi-Stationarität des eingestrahlten Spektrums der Gravitationsstrahlung entspricht der aus den Transformationseigenschaften des EINSTEINschen Energie-Impuls-Komplexes für das Gravitationsfeld folgenden Nichtlokalisierbarkeit der Gravitationsenergie $\mathfrak{t}_0^0$. Die KIRCHHOFFschen oder

PLANCKschen Gesetze für die Wärmestrahlung benutzen die Vorstellung einer lokalen Strahlungs- und Energiedichte U, welche es bei der Gravitationsstrahlung aber nicht gibt. Die obigen Abschätzungen sind ein Maß für diese Nichtlokalisierbarkeit der Gravitationsstrahlung.

Die Unmöglichkeit, zwischen gequantelter und klassischer Gravitationsstrahlung auf Grund der Strahlungsgesetze experimentell zu unterscheiden, ist erkenntnistheoretisch für die Allgemeine Relativitätstheorie sachgemäß. Der nichtlokalisierbare EINSTEINsche Energie-Impuls-Komplex $\mathfrak{t}_k^i$ ist die kanonische Energie-Impuls-Dichte des Gravitationsfeldes. Zu EINSTEINS LAGRANGE-Funktion

$$\mathfrak{L} = \sqrt{-g}\, g^{ik}(\Gamma^r_{sk}\Gamma^s_{ri} - \Gamma^r_{sr}\Gamma^s_{ik}) \tag{6}$$

für das freie Gravitationsfeld gehört als kanonischer Pseudo-Tensor der Gravitationsenergie gemäß EINSTEIN der affine Komplex

$$\mathfrak{t}_k^i = \frac{1}{2}\left(\delta_k^i\,\mathfrak{L} - \frac{\partial\mathfrak{L}}{\partial(\sqrt{-g}\,g^{lm})_{,i}}(\sqrt{-g}\,g^{lm})_{,k}\right)\mathfrak{L}. \tag{7}$$

Die einzigen Tensoren 2. Stufe, die in der Allgemeinen Relativitätstheorie mit einem (lokalen) Tensor der Gravitationsenergie identifizierbar wären, sind der RICCI-Tensor R_{ik} und der EINSTEIN-Tensor $G_{ik} = R_{ik} - \frac{1}{2}\, g_{ik}\, R$. In der Tat ist G_{ik} als „metrischer Energie-Impuls-Tensor" des Gravitationsfeldes auffaßbar, wie dies LORENTZ (1916) und LEVI-CIVITA (1917) vorgeschlagen haben (vgl. PAULI 1958). Denn es gilt (nach HILBERT und LORENTZ):

$$-\frac{\delta L}{\delta g^{ik}} = \sqrt{-g}\; G_{ik}, \tag{8}$$

was der Definitionsgleichung für einen metrischen Energie-Impuls-Tensor T_{ik} entspricht. Gemäß den EINSTEINschen Gravitationsgleichungen verschwindet G_{ik} aber für das freie Gravitationsfeld,

$$G_{ik} = R_{ik} = 0\,,$$

so daß nach LORENTZ auch die Energie-Dichte $\sqrt{-g}\,G_{00}$ eines freien Gravitationsfeldes identisch Null ist. EINSTEIN (1918) bemerkte daher gegenüber LORENTZ und LEVI-CIVITA, daß bei Verwendung des EINSTEIN-Tensors (8) als „metrischem Energie-Impuls-Tensor des Gravitationsfeldes" auch den freien Gravitationswellen keine Energie zuschreibbar ist. Quantentheoretisch könnte es dann gemäß LORENTZ' Energie-Definition auch keine freien Gravitonen geben.

Wäre nun die Frage der Quantlung des freien Gravitationsfeldes (der Existenz freier Gravitonen) tatsächlich empirisch entscheidbar und würde diese Entscheidung positiv ausfallen (was dann ja zumindest denkmöglich wäre), so ließe sich — paradoxerweise — damit auch empirisch zwischen EINSTEINS

„kanonischer“ Definition (7) und LORENTZ' „metrischer“ Definition (8) des Energie-Impuls-Komplexes des freien Gravitationsfeldes — und zwar zugunsten der kanonischen t_k^i — entscheiden. — Die prinzipielle Ununterscheidbarkeit zwischen der klassischen Allgemeinen Relativitätstheorie und einer allgemein-relativistischen Quantenfeldtheorie der Gravitation (und die daraus folgende Nichtnachweisbarkeit freier Gravitonen) schließt dies aus.

Thesen

Zur physikalischen Bedeutung einer Quantlung der Gravitàtion

„Die statistische Quantentheorie ... auf der einen Seite und die Relativitätstheorie auf der anderen Seite werden beide im gewissen Sinne für richtig gehalten, obwohl ihre Verschmelzung allen bisherigen Bemühungen widerstanden hat.“

ALBERT EINSTEIN 1946

„Die Vernachlässigung der atomaren Konstitution der Meßgeräte selbst bei der Beschreibung tatsächlicher Erfahrungen ist gleich charakteristisch für die Relativitäts- und die Quantentheorie.“

NIELS BOHR 1949

„Hätten wir Einstein eine Synthese seiner Allgemeinen Relativitätstheorie mit der Quantentheorie vorlegen können, so wäre die Diskussion mit ihm wesentlich leichter gewesen.“

WOLFGANG PAULI 1958

„Für die Quantisierung des Gravitationsfeldes besteht kein logischer Zwang. Ob und wie eine solche Quantisierung vorzunehmen sei, kann nur empirisch entschieden werden.“

LÉON ROSENFELD 1965

Literatur

P. G. BERGMANN, A. KOMAR, Status Report on the Quantization of the Gravitational Field. — In: "Recent Developments in General Relativity". Pergamon Press 1962.

N. BOHR, Atomtheorie und Naturbeschreibung. Berlin 1931.

N. BOHR, Atomphysik und menschliche Erkenntnis. Bd. I, Braunschweig 1966 (Darin "Diskussion mit Einstein über erkenntnistheoretische Probleme der Atomphysik", 1949).

N. BOHR, L. ROSENFELD, Zur Frage der Meßbarkeit der elektromagnetischen Feldgrößen. Kopenhagen 1933.

B. DE WITT, The Quantization of Geometry. In: L. WITTEN, Gravitation. New York und London 1962.

P. A. M. DIRAC, Physical Review **114**, 924 (1959).

P. A. M. DIRAC, The Quantization of Gravitational Field. In: A. SALAM, Contemporary Physics. Vol I, Wien 1969.

A. EINSTEIN, Gravitationswellen. Berliner Berichte 1918, 154.

A. EINSTEIN, Philosoph und Naturforscher (ed. P. A. SCHILPP) Evanston 1949, Stuttgart 1955. Darin: „Autobiographisches", 1946).

W. HEISENBERG, Die physikalischen Prinzipien der Quantentheorie. Leipzig[1] 1930, [3]1942.

W. HEISENBERG, Naturwissenschaften **61**, 1 (1974).

W. PAULI, Theory of Relativity. Pergamon Press 1958.

M. PLANCK, Theorie der Wärmestrahlung Leipzig [1]1906, [5]1923.

L. ROSENFELD, Report of the "Conference on the Role of Gravitation in Physics". Chapell Hill 1957.

L. ROSENFELD, Nuclear Physics **40**, 353 (1963).

L. ROSENFELD, Quantentheorie und Gravitation. In: H.-J. TREDER „Entstehung, Entwicklung und Perspektiven der Einsteinschen Gravitationstheorie. Berlin 1966.

M. A. TONNELAT, Les théories relativistes de l'electromagnétisme et de la gravitation. Paris 1965.

H.-J. TREDER, Gravitonen. Fortschritte der Physik **11**, Heft 5 (1963).

H.-J. TREDER, Der physikalische Raum. Berlin 1974.

G. WENTZEL, Quantum Theory of Fields. New York 1949.

J. A. WHEELER, Geometrodynamics. New York und London 1962.

J. A. WHEELER, Einsteins Vision. Berlin, Göttingen, Heidelberg, 1968.

FSC
www.fsc.org
MIX
Papier | Fördert gute Waldnutzung
FSC® C083411

Zeitfracht Medien GmbH
Ferdinand-Jühlke-Straße 7
99095 Erfurt, Deutschland
produktsicherheit@kolibri360.de